U0150498

科 学 年 少

培养少年学科兴趣

数学游戏

[西] 胡安·迭戈·桑切斯·托雷斯 著

朱婕 译

湖南科学技术出版社

·长沙·

序　言

本书作者用一系列简单又有趣的题目，创造出一个让你深陷其中的数学氛围，使你深入迷人的数学世界。数学是大自然表达自我的语言，在阅读这本书的时候，你不仅可以收获快乐，还能学会更好地理解我们周遭的世界。

这本书中的题目会让你欲罢不能。解题的过程会激发你的兴趣、培养你的耐心，也能让你学会思考，找到解决难题的趣味。但最重要的是，它能让你爱上数学。在你沉浸于书中的题目和游戏时，不知不觉间，便培养了你的数学能力。

数学是逻辑的、精准的、严谨的、抽象的、形式化的，同样也是美的。数学存在于我们生活的方方面面，在超市里，在大街上，在艺术作品中，在药物里，在农业中，在游戏里……数学在科学技术领域占有不可或缺的地位，没有数学，就没有现代科学的种种发现与成就。

在21世纪，我们愈发关注个人的身体健康和饮食情况，却忽视了对思维的训练。然而正是因为有大脑，我们才能理解和处理接收到的各种信息，用抽象思维思考问题，自信地解决摆在我们面前的种种困难。因此，我们应当像呵护身体和重视饮食一样爱护大脑，日常锻炼思维能力。

本书中的题目能够训练你的头脑。通过解题，你的思维会更加敏捷，更富有创造性，同时，本书也会提升你的记忆力和几何思维能力，增强自信心，培养乐观向上的心态。你也将学会在面对困难问题时，不

"短路"、不偏执、不灰心，学会放下压力，保持清醒。当你在用你的聪明智慧努力解题时，你不仅可以训练脑力，你还可以从中获得无穷乐趣，以及一个健康的头脑。

这本书就像一场激动人心的挑战，从中你将得到无限快意，巩固数学知识，锻炼思维能力。正如西班牙科学家、诺贝尔生理学或医学奖得主圣地亚哥·拉蒙-卡哈尔的名言："每个人都是自己大脑的雕塑师。"

玛丽亚·克里斯蒂娜·阿尔加·莫拉雷斯

介　绍

　　本书由一百多道数学题目、益智游戏和逻辑推理题构成。你可以从中收获解题的趣味，开启头脑风暴，学习数学知识，提高智力水平。通过做题，你可以在不知不觉间，以一种轻松愉快的方式提升你的数学才能。

　　我不敢奢望你会一视同仁，喜爱这里的每一道题目，尽管我很希望如此。但是，如果其中的某些题目不能让你感到兴奋或激动，那就是一件很奇怪的事情了！本书的题目题型多样、别出心裁，一定可以让你深深着迷、乐在其中。

　　本书的题目均为随机排列，没有按照特定类型分类。所以，你在做题时可以按照书中顺序，也可以根据个人喜好自由选择。

　　在这些题目中，一定会有一些容易的，也一定会有一些复杂的。你需要投入时间和精力来解决那些难题，但这些付出是值得的。当你通过自己的努力找到了问题的答案，你一定会感到十分满足；当你把问题提给周围的人，看到他们的反应时，你又会收获更多快意。

　　如果你在做题时卡住了，不要担心，本书书末有详细的参考答案和解析（有些解析可能都过于详尽了）。但请注意，不要一遇到困难就去翻答案，因为这样的话，你将无法体会到自己解决难题的喜悦，这才是本书能够带给你的最大乐趣。在找寻题目答案时，请你记得坚持不懈、持之以恒，证明自己一定能行。

　　希望你能像我在编写此书时一样，在书中收获无尽快乐。

胡安·迭戈·桑切斯·托雷斯

推荐序

北京师范大学副教授　余恒

　　很多人在学生时期会因为喜欢某位老师而爱屋及乌地喜欢上一门课，进而发现自己在某个学科上的天赋，就算后来没有从事相关专业，也会因为对相关学科的自信，与之结下不解之缘。当然，我们不能等到心仪的老师出现后再开始相关的学习，即使是最优秀的老师也无法满足所有学生的期望。大多数时候，我们需要自己去发现学习的乐趣。

　　那些看起来令人生畏的公式和术语其实也都来自于日常生活，最初的目标不过是为了解决一些实际的问题，后来才被逐渐发展为强大的工具。比如，圆周率可以帮助我们计算圆的面积和周长，而微积分则可以处理更为复杂的曲线的面积。再如，用橡皮筋做弹弓可以把小石子弹射到很远的地方，如果用星球的引力做弹弓，甚至可以让巨大的飞船轻松地飞出太阳系。那些看起来高深的知识其实可以和我们的生活息息相关，也可以很有趣。

　　"科学年少"丛书就是希望能以一种有趣的方式来激发你学习知识的兴趣，这些知识并不难学，只要目标有足够的吸引力，你总能找到办法去克服种种困难。就好像喜欢游戏的孩子总会想尽办法破解手机或者电脑密码。不过，学习知识的过程并不总是快乐的，不像游戏中那样能获得快速及时的反馈。学习本身就像耕种一样，只有长期的付出才能获得回报。你会遇到困难障碍，感受到沮丧挫败，甚至开始怀疑自己，但只要你鼓起勇气，凝聚心神，耐心分析所有的条件和线索，答案终将显现，你会恍然大悟，原来结果是如此清晰自然。正是这个过程让你成长、自信，并获得改变世界的力量。所以，我们要有坚定的信念，就像相信种子会发芽，树木会结果一样，相信知识会让我们拥有更自由美好的生活。在你体会到获取知识的乐趣之后，学习就能变成一个自发探索、不断成长的过程，而不再是如坐针毡的痛苦煎熬。

曾经，伽莫夫的《物理世界奇遇记》、别莱利曼的《趣味物理学》、加德纳的《啊哈，灵机一动》等经典科普作品为几代人打开了理科学习的大门。无论你是为了在遇到困难时增强信心，还是在学有余力时扩展视野，抑或只是想在紧张疲劳时放松心情，这些亲切有趣的作品都不会令人失望。虽然今天的社会环境已经发生了很大的变化，但支撑现代文明的科学基石仍然十分坚实，建立在这些基础知识之上的经典作品仍有重读的价值，只是这类科普图书品种太少，远远无法满足年轻学子旺盛的求知欲。我们需要更多更好的故事，帮助你们适应时代的变化，迎接全新的挑战。未来的经典也许会在新出版的作品中产生。

希望这套"科学年少"丛书带来的作品能够帮助你们领略知识的奥秘与乐趣。让你们在求学的艰难路途中看到更多彩的风景，获得更开阔的眼界，在浩瀚学海中坚定地走向未来。

目　录

题 目

1. 问号处应该填什么数字？

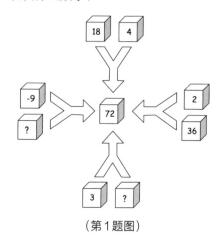

(第1题图)

2. 观察下列字母的排列规律，想一想J后面是哪个字母？

L, Y, E, S, S, W, L, Q, B, J

3. 在下面的方格中，A，B，C，D，E，F这几个字母均各出现了6次，分别列于6列中。请你重新排列这些字母，要求同一行和同一列中不得有两个相同的字母。

A	B	C	D	E	F
A	B	C	D	E	F
A	B	C	D	E	F
A	B	C	D	E	F
A	B	C	D	E	F
A	B	C	D	E	F

(第3题图)

数学游戏

4. 伊斯雷尔·梅尔卡多的钱包里有1个1欧元硬币、2个50欧分硬币、2个20欧分硬币、1个10欧分硬币和4个5欧分硬币。如果他想用正好的钱买一个1.40欧元的西班牙夹肉面包,共有多少种付钱方法?他可以再给他的朋友胡安霍·阿斯纳尔买一个夹肉面包吗?

(译者注:1欧元=100欧分)

5. 请看以下平面图。若经过的地方不能重复,从学院大门到公园大门共有多少条不同的路?图中的阴影长方形为建筑物,不能穿过;三角形处为学院大门和公园的两个门。

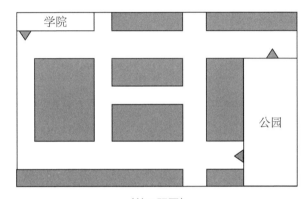

(第5题图)

6. 下图代表什么?

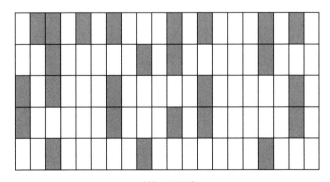

(第6题图)

7. 如果图中画出的小正方形面积为 1 cm²，那么图中的每一个三角形面积为多少？你发现了什么规律吗？

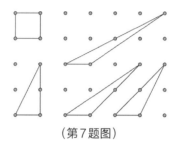

（第7题图）

8. 下列数字中有一个特殊的数字，它与其他数字属于不同类别。你知道是哪个吗？

（第8题图）

9. 请将1到16中的数字分别填入以下无底纹的空方格中，数字不得重复使用，使得图中的所有等式均能成立。

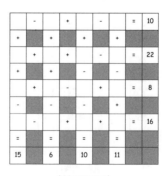

（第9题图）

数学游戏

10. 请添加5个数学符号使以下等式成立。

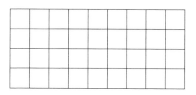

11. 下图为一个 4×9 的长方形。请将它分成两个部分，然后拼成一个正方形。

（第11题图）

12. 请说出下图中缺少哪个数字?

（第12题图）

13. 下图中有一个隐藏的正五边形，你发现了吗?

（第13题图）

14. 猜一猜符合以下条件的最小的数字是什么?

· 它由 5 个不同的非零数字组成;

· 它是一个完全平方数。

15. 在下面的国际象棋棋局中,轮到白棋走棋。白棋该如何走才能在三个回合内将死黑棋?

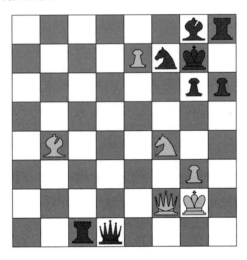

(第15题图)

16. 请找到以下数字之间的关系,并将这个数字金字塔中的空白部分补全。

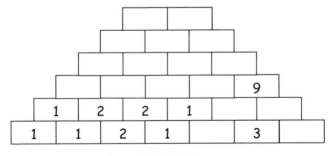

(第16题图)

　　　　　　　　　　　　　　　　　数学游戏

17. 请用一条连续的线连接图中相同的字母，要求不得触碰长方形的边，且不得与其他线条相交。连接字母 A 的线条已在图中画出，你只需画出其他三条线。

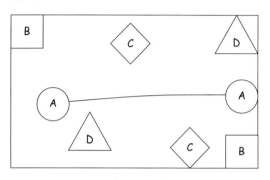

（第17题图）

18. 这是一道算式猜谜题。在下面这个加法竖式中，每一个字母都代表着0到9中的一个数字，两个相同的字母代表同一个数字，两个不同的字母代表不同的数字，每个单词的首字母不能是0。请问以下竖式中的字母分别代表什么数字？

（译者注：SUELA 意为"鞋底"，ZAPATO 意为"鞋子"。）

（第18题图）

19. 请观察下列数字的规律，猜一猜下一个数字应该是多少？

0, 4, 7, 0, 2, 4, 6, 8, 0, 1

20. 请观察以下几个图案的规律，猜一猜字母 A 代表什么数字？

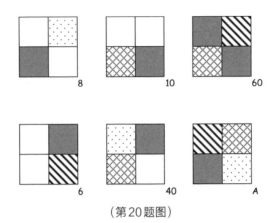

（第20题图）

21. 在一次国际象棋竞赛中，共有 1 024 人报名参赛。比赛采用抽签对阵，每轮比赛抽签决定两两一组进行一场小组比赛，赢者晋级下一轮，输者淘汰，直到决出一名胜者。请问这次竞赛总共比赛了多少场？

22. 请用图中的点连线，画出所有的正方形。请注意，同一个点不可作为不同正方形的顶点；同一个点可作为一个正方形的顶点，同时作为另一个正方形的边上的一点。

（第22题图）

数学游戏

23. 请观察以下图案：

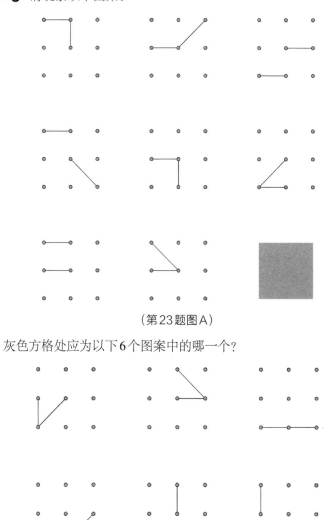

（第23题图A）

灰色方格处应为以下6个图案中的哪一个?

（第23题图B）

24. 请移动3根小棍，让图中朝左的小鱼朝向右边。

（第24题图）

25. 下列陈述中正确的一项是（　　　）

A. 从西班牙的一个城市到墨西哥的一个城市的最短飞行距离是一条直线。

B. 在太阳系中有一个位置可以看到完整的地球全貌。

C. 如果地球的赤道更长，那么地球的直径更小。

D. 由于地球不是平的，从海岸上看，当出海的船只越走越远，船身就会逐渐消失。

26. 你能找到两个相加和为 500 的质数，以及两个相加和为 2 000 的质数吗？

27. 请将 1 到 8 中的数字填入以下空方格中，使每行、每列中的数字互不相同，横竖相邻的数字奇偶性也不同，即一个偶数的上、下、左、右均为奇数，一个奇数的上、下、左、右均为偶数。

4		2	7				5
		7		1			
	3	6				2	
7				4			6
			1			6	
	2		4				
6				7			
1					2	5	4

（第27题图）

　　　　　　　　　　　　　　　　　　　　　数学游戏

28. 这道题与西班牙益智游戏"数字与字母"中的"数字问题"类似，你需要用以下所有数字进行数学运算，使得最终结果为2 012。请注意，所有数字仅能使用一次。

（译者注："数字与字母"为西班牙益智游戏，分为"数字问题"和"字母问题"。"数字问题"要求使用所给数字做加减乘除运算，得到要求的结果；"字母问题"要求使用所给字母拼写单词。）

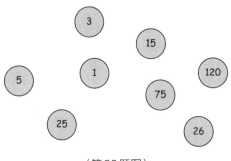

（第28题图）

29. 这个由数字组成的长方形中摆放了28块多米诺骨牌，但图中并未标注骨牌的位置。请你画出这28块骨牌，同一块骨牌只能出现一次。

（译者注：每块多米诺骨牌均为长方形，由两个数字组成。）

4	6	1	5	4	2	6	2
3	2	0	1	1	0	0	3
3	2	6	5	6	1	1	4
0	0	2	2	6	3	0	3
5	1	6	3	5	5	4	5
6	2	0	3	2	0	5	4
5	1	1	3	4	4	4	6

（第29题图）

30. 下图中有多少个正方形？

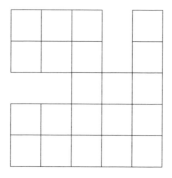

（第30题图）

31. 请将数字1到9填入以下圆圈中，数字不得重复使用，使得三角形每一条边上的数字之和为17。

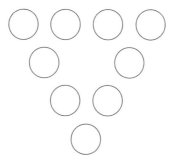

（第31题图）

32. 请观察以下图形中数字的规律，猜一猜空格中应填写什么数字？

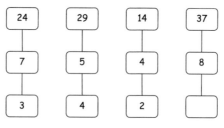

（第32题图）

数学游戏

33. 在衣物尺码中，M号比L号小，L号比XL号小，它们由小到大的排列顺序应为M，L，XL。但是在数学中，它们的排列顺序是完全相反的。你知道为什么吗?

34. 下图中有20个圆点，其中有一个正方形，其顶点为图中的4个圆点。用图中的圆点作为顶点画正方形，总共能画出多少个?

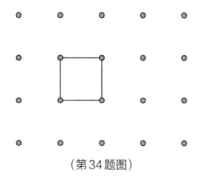

(第34题图)

35. 下图中有一个6×6的正方形方格和18枚筹码，请你将这18枚筹码放入方格中，每个方格只能放一枚，使得正方形的每一行和每一列中都有3枚筹码。

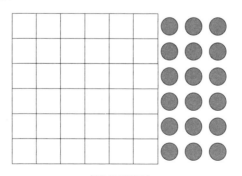

(第35题图)

36. 猜猜这个未知数，它由4个不同的数字组成。字母"C"所在列的数字表示未知数与表中的四位数在同一数位上有几个相同的数字，字母"P"所在列的数字表示它们不同数位上有几个相同的数字。

				C	P
8	9	6	2	1	0
4	1	2	3	1	1
2	5	8	6	0	2
9	4	3	6	0	0
1	0	5	4	0	2

（第36题图）

37. 洛伦佐·米拉莱斯有5个大小相同、彼此独立的大箱子，在每个大箱子中有3个中箱子，每个中箱子中又有4个小箱子。请问他总共有几个箱子？

38. 请观察以下单词所代表的数值：

MERMELADA：7

CEBOLLETA：7

BICICLETA：8

TRACTOR：5

PATATA：5

CAMA：4

LORO：2

HOY：3

YA：2

（第38题图）

请问单词"FUEGO"代表多少？

（译者注：MERMELADA意为"果酱"，CEBOLLETA意为"葱"，BICICLE-TA意为"自行车"，TRACTOR意为"拖拉机"，PATATA意为"土豆"，CAMA意为"床"，LORO意为"鹦鹉"，HOY意为"今天"，YA意为"已经"。请观察各个单词字母的形态。）

39. 请将以下大正方形按各小正方形的边裁剪成6块，要求每一块中的数字之和均相等。

数学游戏

4	12	6	3	6	4
6	4	4	6	1	3
1	10	1	8	19	1
15	7	7	2	2	1
6	2	5	10	4	4
2	1	1	6	3	3

（第39题图）

40. 请化简下列表达式：

$$\sqrt[3]{20 + 14\sqrt{2}} + \sqrt[3]{20 - 14\sqrt{2}}$$

41. 请观察以下多米诺骨牌的次序：

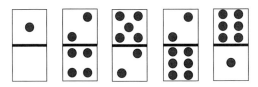

（第41题图A）

下一块骨牌应该是下面的哪一个？

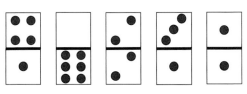

（第41题图B）

42. 罗萨·格拉纳多斯是一位数学老师，她开始判卷子的时候，何塞·胡安·胡亚雷斯开始修理他办公室的一台电脑。何塞·胡安·胡亚雷斯修好电脑用了 2 小时 14 分 15 秒，罗萨·格拉纳多斯判完卷子用了 134.25 分钟。请问他们二人中谁更早完成任务？两人所用时长相差了多少？

43. 请画一条从 A 点到 B 点的线路，要求不得穿过图中的数字方格，不得触碰大正方形的边，且经过的位置不得重复。方格中的数字意为线路在此经过了该方格的几条边。

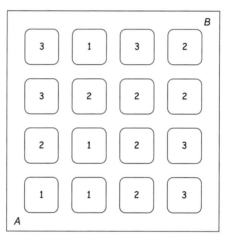

（第 43 题图）

44. 请根据定义和字数或字母数提示，猜一猜以下数学概念的名称是什么？（以下所有数学概念名称的定义均来自于西班牙皇家语言学院编纂的《西班牙语词典》。）

（1）**两个字**：研究数字及数字运算的数学分支。

（2）**四个字**：将一个角平分成两个相同角的射线。

（3）**一个字**：连接弧上两点的线段。

（4）**三个字**：有十条边和十个角的多边形。

（5）**三个字**：围绕一个固定点向外无限逐圈旋绕而成的平面曲线。

数学游戏

（6）两个字：表示各个数学对象或数量之间关系的式子或定律。

（7）两个字：通过一条或多条线展示数字和数字之间关系的图形结构。

（8）两个字或一个字：直角三角形中直角所对的边。

（9）三个字：无论变量如何取值都永远成立的代数等式。

（10）三个字：指两个图形仅在大小上有所不同，其他各个部分均有相同的比例。

（11）两个字：液体或谷物的容量单位，即一千升或一立方米。

（12）一个字：形成一个角的两条线，或组成多边形的线段。

（13）三个字：减去另一个数字的数。

（14）一个字：代表一个量值的抽象概念。

（15）一个字：地球围绕太阳公转一周的时间。也就是365天5小时48分钟46秒。

（16）两个字：三角形三条高所在直线的交点。

（17）两个字：图形一周的长度。

（18）两个字：表示一个数值的一个或多个部分的数字。

（19）一个字：减法所得到的结果。

（20）两个字：将一个公式、数值或方程等复杂式子化为简单式子的过程。

（21）三个字：由三个项组成的并由加减号连接的代数式。

（22）两个字：通过测量或比较同类其他项所得的结果。

（23）两个字：物体占据的空间大小。

（24）一个字母：电功率国际单位，相当于1焦耳/秒。

（25）两个字：一般为数字或代数式，表示另一个未知数将相乘几次，一般位于该未知数的右上方。

（26）两个字：一条直线被另一条直线所切，在直线同一侧所形成的角。

（27）六个字：四条边均不与另一条边平行的四边形。

45. 请将下面的图形裁剪成形状和大小完全相同的4块。

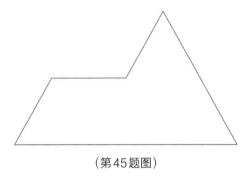

（第45题图）

46. 请观察下面的正方形，猜一猜每一个字母分别代表什么数值？

A	A	A	A	24
A	B	A	B	20
B	C	B	D	16
C	D	A	C	15

（第46题图）

47. 博尔哈·孔特雷拉斯是一家酒吧的老板，他经常给他的顾客提供一些稀奇古怪的优惠活动。有一次，他对顾客孔索尔·孔卡说，每一次来酒吧消费，孔索尔随身携带了多少钱，他就会给孔索尔多少钱，这样孔索尔就会有两倍的钱了。随后，博尔哈需要再收取孔索尔8欧元。孔索尔认为自己会赚得不少钱，便答应了这个请求。但是出乎孔索尔的意料，当他第四次来酒吧时，就没有钱了。请问一开始孔索尔携带了多少钱？

48. 在下面的国际象棋棋局中，轮到白棋走棋。白棋该如何走才能在三个回合内将死黑棋？

数学游戏

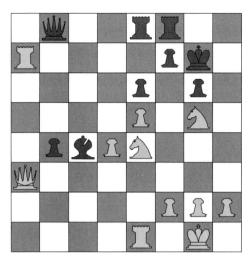

（第48题图）

49. 请观察以下图形。问号处应该填什么数字？

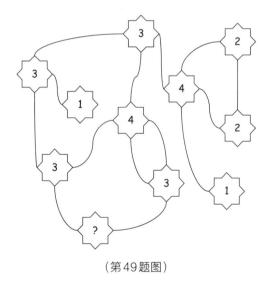

（第49题图）

50. 如图所示，大半圆的直径为 12 cm。那么大半圆的内切圆、两个小半圆的外切圆的半径是多少？

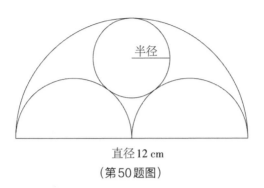

直径 12 cm

（第50题图）

51. 本题紧接上一题。请问图中阴影部分的面积是多少？

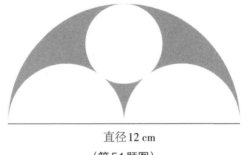

直径 12 cm

（第51题图）

52. 下列数字中有一个与其他数字属于不同类别，你知道是哪个吗？

（第52题图）

数学游戏

53. 仅用三次数字3并只进行两次数学运算，如何得到30？

54. 这个游戏名为"数一"（Hitori）。在下面的正方形数盘中，每个格子中都填有0到9中的一个数字，你需要划掉一些数字，使得每行每列中均没有重复的数字。划掉的数字所在的方格不得横向或纵向相连，但可以斜向相连，且不得将整个数盘分为不相连的两部分，也就是说，未划掉的数字所在的方格之间不得断开。

7	1	1	6	4	1	5	2	1	8	3	3
1	5	7	6	2	0	6	3	8	5	3	3
9	4	2	3	6	1	7	7	6	6	8	5
1	5	4	2	3	2	7	1	1	6	9	7
4	6	9	2	9	7	3	1	3	9	9	0
2	8	1	7	6	8	3	3	4	0	5	9
5	8	2	9	6	6	9	3	2	1	8	2
0	0	5	8	1	3	9	4	2	7	6	0
3	0	6	4	8	9	1	5	7	4	2	7
6	3	1	1	1	5	4	5	7	2	6	6
8	3	3	4	7	7	2	6	5	1	1	1
6	2	9	9	5	4	8	0	0	3	7	1

（第54题图）

55. 有一个半径为自然数的球体，已知其体积是一个四位数字乘以 π，其表面积也是一个四位数字乘以 π，请问该球体的半径是多少？以下为球体的体积和表面积公式：

$$V = \frac{4\pi r^3}{3}$$

$$S = 4\pi r^2$$

56. 数字0，1，2，3，4，5，6，7，8，9按照以下顺序排列，它们的排列规律是什么？

$$0, 1, 8, 7, 4, 5, 6, 3, 2, 9$$

57. 这又是一道算式猜谜题。在下面这个加法竖式中，每一个字母都代表着0到9中的一个数字，相同的字母代表同一个数字，不同的字母代表不同的数字，每个单词的首字母不能是0。请问以下竖式中的字母分别代表什么数字？

（译者注：NOCHE意为"夜晚"，DÍA意为"白天"或"天"，SEMANA意为"星期"。）

```
    N O C H E
        D I A
    N O C H E
        D I A
  + N O C H E
  ─────────────
  S E M A N A
```

（第57题图）

58. 在以下三角形中，已知两个角分别为60°和105°，请问三角形上方阴影处的角为多少度？

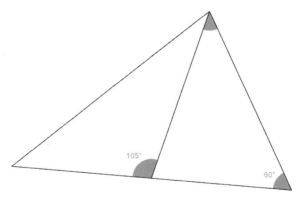

（第58题图）

59. 猜一猜满足以下条件的自然数是哪个？

· 它由3个数字组成；

· 它为单数且为回文数；

数学游戏

・它为一个完全立方数。

（译者注：设n是一任意自然数，若将n的各位数字反向排列所得自然数n'，与n相等，则称n为回文数。）

60. 请将1到36中尚未使用的数字填入这个6×6的正方形数盘中，不得重复，使得每行、每列、每条对角线上相连的6个数字之和均为111。

	29	12		16	13
30		10			15
4	1		20	36	
2		18		34	
21	24		25		
	23	26		6	7

（第60题图）

61. 在以下箭头中，有一个被圆形挡住了。你知道被挡住的箭头应该朝向哪里吗？

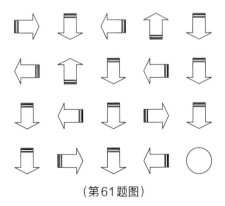

（第61题图）

62. 请观察下列数字的规律，猜一猜下一个数字应该是多少？

31, 28, 31, 30, 31, 30, 31

63. 请将国际象棋中的4个马和22个兵放入一块8×8的常规棋盘中，使得它们彼此之间互不构成威胁。请注意，不得将兵放置在棋盘的第一行和最后一行。

64. 以下图案中的哪一个与其他图案不同类？

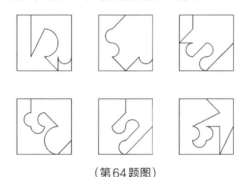

（第64题图）

65. 请用4种不同的颜色给以下正方形中的各个部分涂色，要求相邻的两个部分不得为一样的颜色。

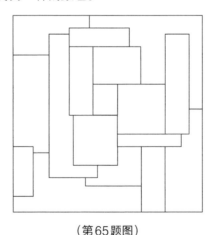

（第65题图）

66. 有一张长120 cm的薄纸条，从中间对折，得到两段长60 cm的纸条。不断对折这张纸条，最终得到几段长7.5 cm的纸条。请问这张纸条有多少折痕？有多少段长7.5 cm的纸条？（注意：假设纸条足够薄，就算对折多次也不会变得很厚。）

67. 在一间宴会厅中，每张桌子旁摆的椅子数与桌子总数相同，椅子总数为三位数，这个三位数的各位数字之和为10。请问宴会厅中有多少把椅子？

68. 在下面的正方形中，有一个字母A，其位置是固定的。请你将另外5个字母A放入正方形的方格内，使得每行、每列、每条对角线上都不得出现两个字母A。

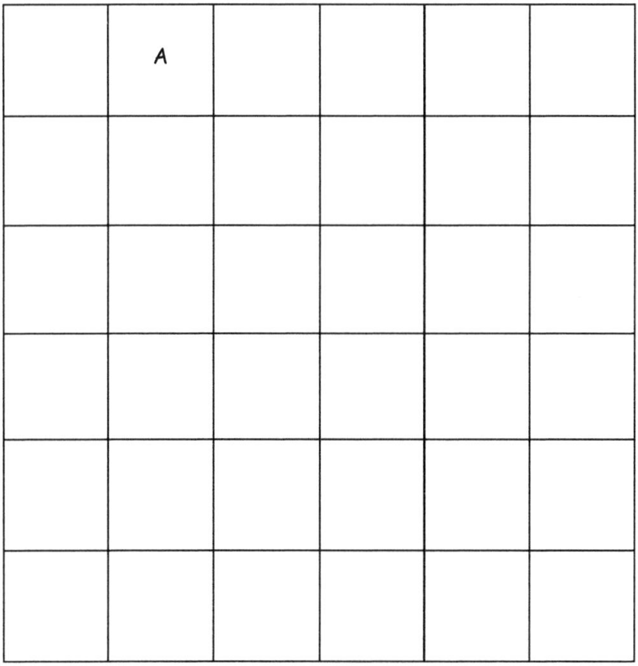

	A				

（第68题图）

69. 你能找到隐藏在下图中的等边六边形吗？

（第69题图）

70. 现有如图顺序放置的五枚筹码，其中三枚为一种同色，另外两枚为另一种颜色：

（第70题图A）

请同时移动两枚相邻的筹码，移动和放置时不得将这两枚筹码分开，且不得改变它们的顺序，放置时须与其他筹码保持平行，使得筹码的颜色可以相间排列，如下图所示。请问该如何移动筹码？

（第70题图B）

71. 请将1到20中的数字填入下面的空格里，不得重复，使得任何连续的5格数字之和均为60。

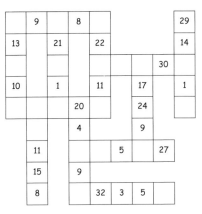

（第71题图）

72. 请观察以下图案：

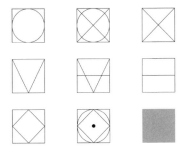

（第72题图A）

请问灰色处应是下面6个图案中的哪一个？

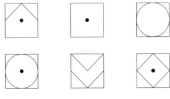

（第72题图B）

73. 有一个两位数，去掉十位数字之后得到的新数为原数的五分之一。这个两位数是什么？

74. 在本题中，你需要将一个大正方形分割成若干个小正方形，使它们的大小各不相同，且小正方形之间不得有重叠。这道题难度较大，因此我会给大家一部分参考答案，请看下图。为了使各个小正方形的边长均为自然数，我们设大正方形的边长为112，那么你需要将其分成21个小正方形（也有小正方形个数多于21个的解法）。在下图中已标注的13个小正方形内，你可以看到它们各自的边长。黑色小正方形的边长为2，灰色小正方形的边长为4。现在，请通过以上提示，画出剩下的8个小正方形。

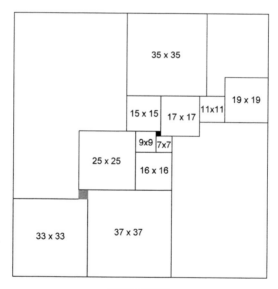

（第74题图）

这道将一个大正方形分成大小各不相同的小正方形的题目是《苏格兰咖啡馆数学问题集》中的第59题。这是一本由197道数学难题组成的题集，由一群数学家在1935年到1941年间集得。其中的一些题目至今都尚未找到答案。这些数学家喜欢在乌克兰利沃夫一家名为"苏格兰咖

数学游戏

啡馆"的咖啡厅探讨数学问题，这本题集也因此而得名。斯特凡·巴拿赫（1892—1945）、斯塔尼斯拉夫·乌拉姆（1909—1984）、斯塔尼斯拉夫·马祖（1905—1981）、尤里乌斯·绍德尔（1899—1943）及斯塔尼斯拉夫·鲁热维奇（1889—1941）等著名数学家都曾在此交流讨论。

斯塔尼斯拉夫·鲁热维奇正是提出第59题的数学家。该题的第一个解法由罗兰·珀西瓦尔·斯普拉格（1894—1967）于1938年提出，他将大正方形分成了55个大小不一的小正方形。1978年，荷兰数学家杜伊杰斯廷（1927—1998）发现了将其分为21个大小不一的小正方形的解法（也就是你现在需要做的），并证实了不存在少于21个的其他解法。

75. 有三个人分五枚1欧元的硬币。假设五枚硬币完全相同，共有多少种分配方式可以确保每个人手中都有硬币？

76. 下图为一张3×3的迷你棋盘，以及5枚国际象棋棋子。请将这5枚棋子放入棋盘格中，使得剩下的4个空格分别被1枚、2枚、3枚和4枚棋子威胁。

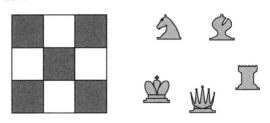

（第76题图）

77. 请问空白处应该填入什么数字？

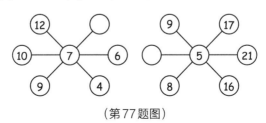

（第77题图）

78. 请观察下列单词：

CANTAR, BEBIDA, ACCESO, ADEUDO, LEER, FORFAIT

请问接下来应该是哪个单词？

GRANJA, GIGANTE, GATOS

（译者注：CANTAR 意为"唱"，BEBIDA 意为"饮料"，ACCESO 意为"通道"，ADEUDO 意为"债务"，LEER 意为"读"，FORFAIT 意为"包费"，GRANJA 意为"农场"，GIGANTE 意为"巨人"，GATOS 意为"猫"。请观察单词的形态。）

79. 写出1到500中所有的自然数，请问数字2出现了多少次？

80. 这个由数字组成长方形中摆放了28块多米诺骨牌，但图中并未标注骨牌的位置。请你画出这28块骨牌，同一块骨牌只能出现一次。

（译者注：多米诺骨牌均为长方形，由两个数字组成。）

3	2	4	6	5	3	5	2
6	3	0	2	6	1	1	0
6	0	1	3	6	2	2	0
4	1	5	5	4	5	1	0
0	2	2	1	5	6	5	3
3	4	4	1	0	2	0	4
6	6	3	3	4	4	5	1

（第80题图）

数学游戏

81. 这是一个非常古老的单人棋盘游戏，名为"五星棋"（Pental-fa）。玩这个游戏需要9枚棋子和一块五角星形状的棋盘，如图所示。你知道吗？人们曾在埃及古尔纳神庙中发现过这样的棋盘，也就是说，在公元前1700年时这个游戏就已经存在了（距今有差不多4000年了！）。

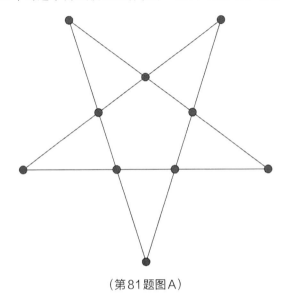

（第81题图A）

游戏开始时，棋盘上不放置任何棋子。游戏结束时，你应将9枚棋子放入五星棋盘的10个棋盘格中（即五角星中的各个交点），只剩下一个空棋盘格。

每放置一枚棋子时，你都应从一个空棋盘格开始，跳3格后落子，并保证这3格在同一条直线上（第一个空棋盘格也算这3步之一）。其中，第一步必须为空格，第二步可以跳过有棋子的格子，第三步必须为空格，不得将2枚棋子放入同一个棋盘格中。棋子一旦放好，就不能再移动了。如果你发现路被挡了，不能再继续放置棋子，那你就输了，你需要清空棋盘，再来一局。

让我们来看一个例子。请看下图，棋盘上已有3枚棋子。我们可以从任何一个标注字母A的格子开始落子，因为这2个格子都是空格，但是3步后，你的棋子将落在一个已被占位的格子中。因此，你不可以从这2个A格出发。你可以从某一B格开始，并将棋子落在另一个B格中，你会跳过一个已被占领的格子，没有关系，这是符合游戏规则的。与B格路径相同，你也可以从C格出发。你还可以选择从2个Y格之一开始，最后在X格落子。同样，如果你从X格出发，也可以在Y格落子。

但是请注意：在这一盘棋局中，你永远无法占领A格，因为已没有任何空格可以让你出手落子，并最终到达这两个A格。因此，如果你走出这样的棋局，你将无法达成放置9枚棋子的目标，因为总会剩下2个格子。但正如电影《时空英豪》中所说，只能留下一个！

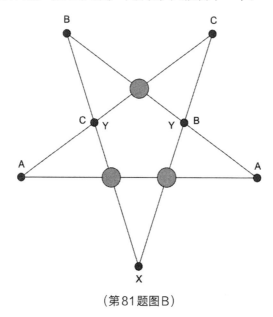

（第81题图B）

（译者注：《时空英豪》为1986年上映的美国科幻电影，"只能留下一个"为其中的经典台词。）

82. 未来哪个世纪是首个所含年份中不存在回文数的世纪？

83. 请将1到17中的数字分别填入以下无底纹的空方格中，数字不得重复使用，使得图中的所有等式均能成立。

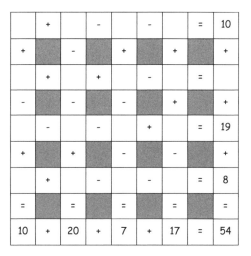

（第83题图）

84. 数字18，21，34，37，46，49，52，65和73按以下顺序排列，它们的排列规律是什么？

$$49, 18, 37, 46, 65, 34, 73, 52, 21$$

85. 请观察以下几个图形的规律，猜一猜字母A代表什么数字？

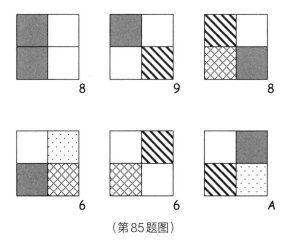

（第85题图）

86. 选择两个和为1的小数（如0.4和0.6，或0.2和0.8，……）。计算两个小数中较大数的平方，并与较小数相加，记录其得数。现在请你反过来再做一次：计算两个小数中较小数的平方，并与较大数相加，记录其得数。请问这两个得数哪个更大？你发现了什么特点吗？

87. 下面有6块拼图，每块拼图均由6个小正方形组成。你可以用它们拼出一个包含36个小正方形的大正方形吗？

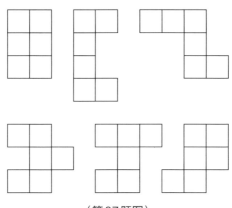

（第87题图）

88. 请观察下列数字的规律，猜一猜下一个数字应该是多少？

<big>1, 2, 3, 5, 4, 4, 2, 2, 2</big>

89. 请观察以下箭头中的数字，问号处应该填什么数字？

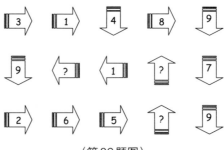

（第89题图）

90. 请将这个4×4正方形分成4块，使得每一块中都有1个阴影正方形和3个非阴影正方形。

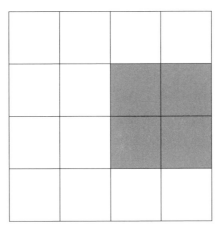

(第90题图)

91. 在下面的国际象棋棋局中，轮到白棋走棋。白棋该如何走才能在三个回合内将死黑棋？

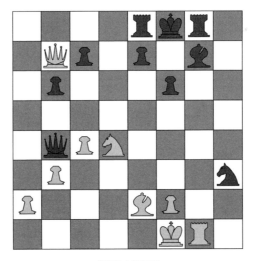

(第91题图)

92. 下列陈述中正确的一项是（   ）。

A. 存在五条边长不同的正五边形

B. 平行四边形有两条平行的对角线

C. 直角三角形的斜边等于其外接圆的直径

D. 正十边形的边心距等于其外接圆半径的三倍

93. 请观察以下图案：

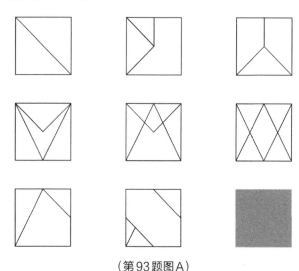

（第93题图A）

请问灰色处应是下面6个图案中的哪一个？

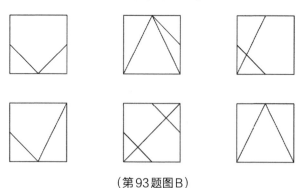

（第93题图B）

数学游戏

94. 下面的五角星中有几个四边形?

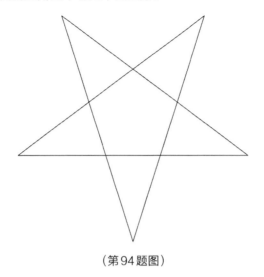

（第94题图）

95. 下面的六角星中有几个五边形?

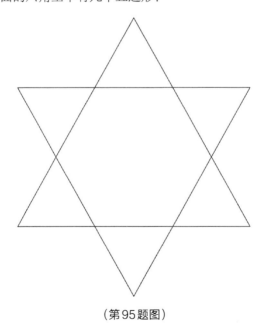

（第95题图）

96. 请将下面的正方形分成6个部分，使得每个部分中都有6个小正方形，且其中数字的乘积均相等。

2	6	2	9	25	6
3	2	15	5	2	10
4	25	1	27	1	3
1	3	3	2	3	3
2	2	2	3	75	12
6	5	10	2	5	1

（第96题图）

97. 如左图所示，有一个正方形，其左下角有一个等边三角形。该等边三角形绕其顶点 B 翻转到右图所示位置，翻转时，顶点 A 所经过的轨迹如左图虚线所示。

接下来，该三角形继续绕其顶点，沿着正方形的边逆时针翻转，直至回到其最初所在的正方形左下角位置。

请问，在翻转完成之后，顶点 A 在什么位置？假设正方形的边长为 2 cm，那么顶点 A 经过的轨迹有多长？

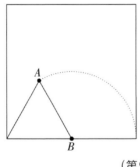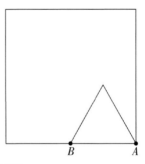

（第97题图）

　　　　　　　　　　　　　　　　数学游戏

98. 请找到金字塔中数字的规律，在空白的方格处填入合适的数字。

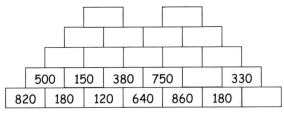

（第98题图）

99. 这又是一道西班牙益智游戏"数字与字母"中的"数字问题"，你需要用以下所有数字进行数学运算，使得最终结果为999。请注意，所有数字仅能使用一次。

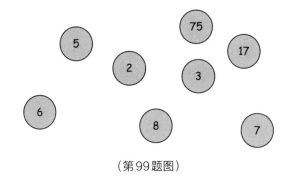

（第99题图）

100. 请观察下列用小棍拼成的数字：

（第100题图）

请问问号处应该为哪个字母？

B, E, E, D, E, F, ?

101. 请将1到9填入下面的圆圈中（数字3已经填好），数字不得重复使用，使得每一个大圆上的四个圆圈中的数字之和均相等。

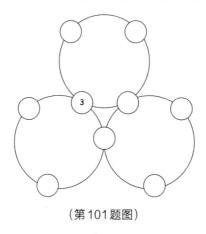

（第101题图）

102. 若 $x + 2y + 3z = 10$，且 x，y，z 均为大于0的自然数，那么 x，y，z 分别是多少？有多少个不同的解？

103. 下列数字中有一个与其他数字属于不同类别。你知道是哪个吗？

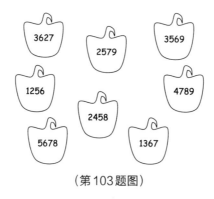

（第103题图）

104. 请将1到8中的数字填入以下空方格中，使每行、每列中的数字均不相同，且横竖相邻的两个数字奇偶性也不相同，即一个偶数的上、下、左、右均为奇数，一个奇数的上、下、左、右均为偶数。

　　　　　　　　　　　　　　　　　数学游戏

2	5		7	8			
		5	2		6		
	3			2			1
3			4			5	
			3	4	5	8	
	2	3	6				7
8	7					2	
				3	4	1	

（第104题图）

105. 请用图中的点连线，画出所有的正方形。请注意，同一个点不可以作为不同正方形的顶点；同一个点可作为一个正方形的顶点，同时组成另一个正方形的边。

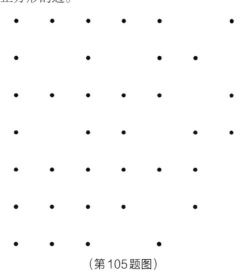

（第105题图）

106. 请将1到9中的数字填入下面的空白处，数字不得重复使用，使得同一条线上3个圆圈中的数字乘积等于该条线上方块中的数字。

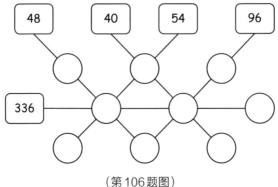

(第106题图)

107. 下图为一张5×6的迷你棋盘，以及9枚国际象棋棋子。请将这9枚棋子放入棋盘格中，使得任何一个棋子都不能在一步以内到达另一个棋子处。此外，象不得放在同色格子中，兵不得放在第一行及最后一行。

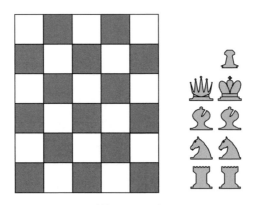

(第107题图)

108. 这又是一道算式猜谜题。在下面这个加法竖式中，每一个字母都代表着0到9中的一个数字，相同的字母代表同一个数字，不同的字母代表不同的数字，每个单词的首字母不能是0。请问以下竖式中的字母分别代表什么数字？

（译者注：DEDO意为"指头"，MANOS意为"手"。）

　　　　　　　　　　　　　　　　　数学游戏

```
      D E D O
      D E D O
      D E D O
  +   D E D O
  ─────────────
    M A N O S
```

（第108题图）

109. MIL 和 1000 哪个更大？

（译者注：MIL 在西班牙语中意为"千"，请你查一查它代表的罗马数字。）

110. 以下哪一副多米诺骨牌是多余的？

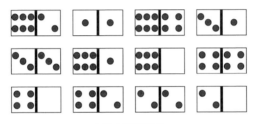

（第110题图）

111. 在所有大于 5 000 小于 6 000 的数字中，各个数位上的数完全不同的有多少个？

112. 求以下平方根的值。题目中的省略号代表不断重复前面的表达式。

$$\sqrt{20 + \sqrt{20 + \sqrt{20 + \sqrt{20 + \sqrt{20 + \sqrt{20 + \cdots}}}}}}$$

113. 请问下图中空白圆圈处应该填入哪个数字？

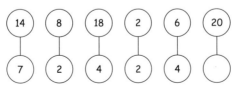

（第113题图）

114. 下面这些数字有什么共同点?

（译者注：请你查一查这些数字的罗马数字写法。）

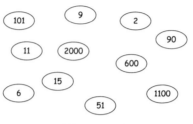

（第114题图）

115. 猜猜这个未知数，它由4个不同的数字组成。字母"C"所在列的数字表示未知数与表中的四位数在同一数位上有几个相同的数字，字母"P"所在列的数字表示它们不同数位上有几个相同的数字。

				C	P
2	3	6	1	1	0
1	8	0	9	0	1
4	5	2	7	2	0
5	0	3	9	1	0

（第115题图）

116. 如何用数字12、数字3和两次数学运算得到结果6？请注意，数字12和数字3仅能使用一次。

117. 如图，在一个5×8的长方形中，挖去了中间的4个格子。请你将这个长方形分成两部分，使得这两部分能够重新拼成一个6×6的正方形。

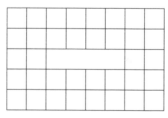

（第117题图）

118. 以下图案中的哪一个与其他图案不同类?

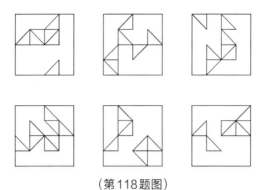

(第118题图)

119. 请将1到19中的数字填入下面的空格里，数字不得重复使用，使得任何连续的3格数字之和均相等。

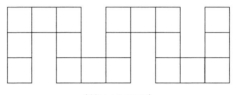

(第119题图)

120. 下图中有一个以图中圆点为顶点连线而成的正方形。可以发现，在所有以图中圆点为顶点的正方形中，这一个面积最小。

请你以图中圆点为顶点，再画出一个正方形，要求其比图中所示的正方形大，但在其他所有可能的正方形中面积最小。

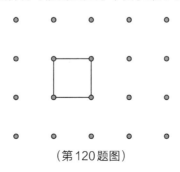

(第120题图)

121. 在下面这个棋盘中，有一个白马和一个黑马，怎么用最少的步数让白马和黑马调换位置？

请注意，移动棋子时应当遵守国际象棋的规则。当其中一个棋子走到了规定位置，但另一个没走到时，不得弃之不管已走到的棋子，也就是说，两个颜色的棋子应当轮流移动，直到均走到相应位置。

此外，在走棋时，黑马与白马不得互相构成威胁。

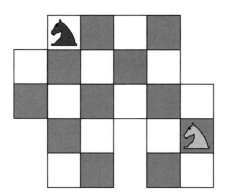

（第121题图）

122. 请用一条连续的直线连接图中相同的两个字母。要求连线之间不得相交，也不得触碰长方形的四条边。连接字母A的线已在图中画出，你只需画出剩下的3条。

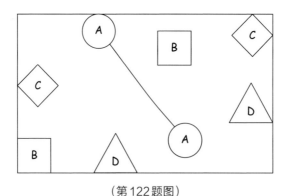

（第122题图）

123. 下图代表什么？

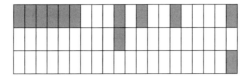

（第123题图）

124. 请观察以下图案：

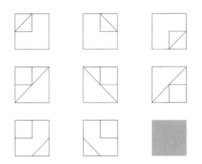

（第124题图A）

请问灰色处应是下面6个图案中的哪一个？

（第124题图B）

125. 以下所有直线中哪一条是三角形的高？

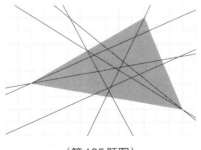

（第125题图）

126. 请添加四个数学符号使得以下等式成立。

1 2 3 4 = 1

127. 如图所示，有一个6×6个正方形棋盘，其中放置9枚棋子。你需要用最少的步数将这9枚棋子全部移动到阴影格子处，移动规则包括走棋和跳棋：

走棋：将一枚棋子向其水平、垂直或斜向的空格移动一格。

跳棋：跳过该棋子水平、垂直或斜向的其他棋子，保证跳棋路径为一条直线，直到落到一个空格中为止（类似于国际跳棋的规则，只不过国际跳棋只能斜跳，本题中可以横跳、竖跳和斜跳）。

请注意，在走棋时，不得同时跳棋；在跳棋时，如条件允许，可以连续跳过多个棋子。

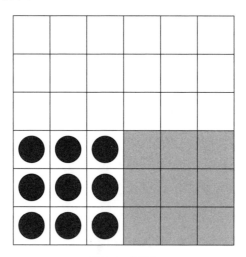

(第127题图)

128. 请用三种不同的颜色给以下正方形中的各个部分涂色，要求相邻的两个部分不得为一样的颜色。

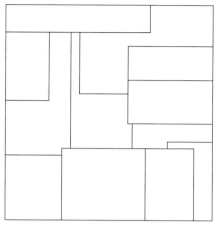

（第128题图）

129. 请将1到9填入方格中，数字不得重复使用，使得以下等式成立。

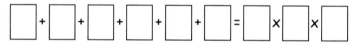

$$\square + \square + \square + \square + \square + \square = \square \times \square \times \square$$

（第129题图）

130. 请说出下图中缺少哪个数字？

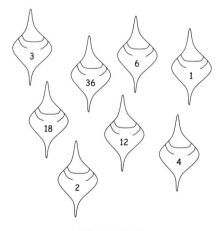

（第130题图）

131. 请观察以下图形。问号处应该填什么数字？

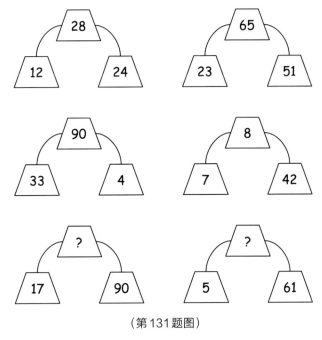

（第131题图）

132. 一件T恤的价格为17欧元，如降价15%，那么它打折后的价格为多少？如果在降价后的基础上再提价15%，那么它的价格又是多少？你发现了什么规律吗？

133. 有一只蚂蚁在下图这个网格中的圆点位置，它按如下顺序，先后向东移动了2格，向东南移动了1格，向南移动了1格，向东移动了1格，向南移动了1格，向东移动了2格，向东北移动了1格，向北移动了2格，向东北移动了2格，向东移动了1格，向西北移动了2格，向北移动了1格，向西移动了2格，向西南移动了2格，向西移动了1格，向西北移动了1格，向西南移动了1格。请问经过了以上移动之后，这只蚂蚁到达了网格中的哪个位置？

数学游戏

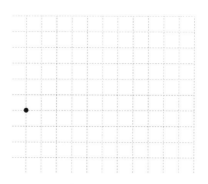

(第133题图)

134. 如图所示，有三个平行放置的正方形，其中绘有三条线段，使我们得到 A，B，C 处的三个角。请证明 $\angle A = \angle B + \angle C$。（注意：请勿使用三角学的公式或定理。）

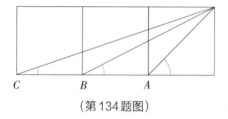

(第134题图)

135. 在下面的国际象棋棋局中，轮到白棋走棋。白棋该如何走才能在三个回合内将死黑棋?

(第135题图)

136. 请找到以下数字之间的关系，并将这个数字金字塔中的空白部分补全。

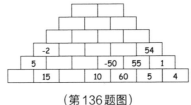

（第136题图）

137. 请将下面的正方形分成6个部分，使得每个部分中都有6个小正方形，且其中的数字之和均相等。

2	11	8	6	1	1
4	3	10	7	12	6
3	5	12	6	1	9
9	20	1	1	4	8
2	5	6	2	9	7
11	5	7	16	12	8

（第137题图）

138. 如图所示，有5个由13根小棍组成的等边三角形。请改变其中4根小棍的位置，使其变成3个等边三角形。

（第138题图）

139. 这又是一道算式猜谜题。在下面这个加法竖式中，每一个字母都代表着0到9中的一个数字，相同的字母代表同一个数字，不同的字母代表不同的数字，每个单词的首字母不能是0。请问以下竖式中的字母分别代表什么数字？

（译者注：LÁPIZ意为"铅笔"，PAPEL意为"纸"，TIZA意为"粉笔"，TAREA意为"任务"，CLASE意为"课堂"。）

```
    L A P I Z
    P A P E L
      T I Z A
+   T A R E A
-----------
    C L A S E
```

（第139题图）

140. 请看以下平面图。克里斯提娜·阿尔加想从家门口走到学院大门，若经过的地方不能重复，且不得经过公园，那么她共有多少条不同的路线可以选择？图中的阴影长方形为建筑物，不能穿过；三角形处为学院大门。

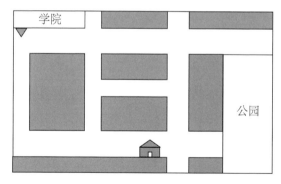

（第140题图）

141. 下列数字中有一个特殊的数字，它与其他数字属于不同类别。你知道是哪个吗？

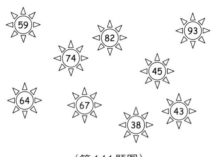

（第141题图）

142. 下图为一个由10个圆圈组成的正五边形。请将1到10填入空白圆圈中，使得该正五边形每一条边上的3个数字之和均为19。

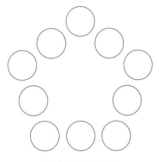

（第142题图）

143. 请根据提示，猜出这些数学家的名字或姓氏是什么。我们想借用这道题向历史上伟大的数学家们致敬。如果你不知道这些数学家的名字，甚至不认识他们是谁，没有关系，你可以通过题目介绍了解他们的成就。你也可以通过互联网了解这些数学家更多的生平事迹和在数学领域所做的贡献。

（1）阿＿＿＿＿＿＿：公元前3世纪数学家，出生于古希腊叙拉古。他在家中浴缸内洗澡时发现了浮力原理，并大喊"尤里卡！"（希腊语意为"找到了"）。他的名言是"给我一个支点，我可以撬起整个地球"。此外，他还计算出了圆周率π的近似值，并在家乡遭受罗马人打击时，用凹面镜反射太阳光点燃了敌船。

（2）**波_____**：捷克数学家，生于1781年。他提出了一个非常著名的观点，即如果你想渡过一条没有桥梁也没有船只的河流，你只能蹚水过河。

（3）**康_____**：德国数学家，生于1845年。他创立并深入发展了"集合论"。但不幸的是，他在非常年轻的时候患上了精神疾病，后在精神病院中去世。

（4）**笛_____**：法国数学家、哲学家，生于1596年。他引入了坐标来表示平面上的点，因此也被称为"解析几何"这一数学流派的创始人。他的名言是"我思故我在"。

（5）**欧_____**：瑞士数学家，生于1707年。他在各个数学分支中均有所建树，也是有史以来最多产的数学家。他创设的许多数学符号迄今为止仍在被使用，他提出了一个与多面体有关的著名定理，并且有一个重要常数以他的名字命名。1736年，他解决了十分有趣的"哥尼斯堡七桥"问题。这原是哥尼斯堡市人民常玩的一个游戏，要求一次性走遍城市里的七座桥，不准在同一座桥上来回。他对这道题的解法（即无解）开启了一个新的数学分支——"图论"。

（6）**费_____**：法国数学家，生于1601年。他的本职工作为律师。他与同胞布莱士·帕斯卡（1623—1662）一起奠定了概率论的基础。他擅长研究曲线的切线问题，尤其在"数论"方面颇有建树。他曾留下一个著名的猜想，但"可惜这里的空白太小，写不下如此美妙的证法"。

（7）**高_____**：德国数学家，生于1777年。他被认为是有史以来最重要的数学家，有"数学王子"的美誉。他在各个数学分支中均有所建树，发现了代数基本定理等诸多重要定理。10岁时，他在几秒钟之内就算出了1到100中所有的自然数相加之和，让老师困惑不已。此外，有一个著名的钟形曲线以他的名字命名。

（8）**希_____**：德国数学家，生于1862年，他对20世纪的数学发展产生了巨大影响。1900年，在巴黎国际数学大会上，他提出了新世纪数学家应当努力解决的23个数学问题，直至今日，其中的大部分问题均已得到解决，但仍有少部分尚未找到答案。

（9）艾＿＿＿＿＿＿＿：英国数学家、物理学家、哲学家，生于1642年。他阐释了万有引力定律。据说在发现这个定律时，有一个苹果落在了他的头上。在数学领域，他与另一位数学家几乎同时独立提出了"导数"这一至关重要的概念，他们二人彼此并不相识，因此均被认为是"导数"的创立者。"导数"的创立标志着"微分学"这一全新的数学分支的诞生。

（10）胡＿＿＿＿＿＿＿：西班牙数学家，生于1888年。他创立了"先验学"。他也是一名伟大的科普工作者，为大学生撰写了一系列教科书。月球上有一座环形山以他的名字命名。

（11）开＿＿＿＿＿＿＿：德国数学家、天文学家，生于1571年。他阐释了行星围绕太阳运动的定律。银河系中的一颗星以他的名字命名。

（12）莱＿＿＿＿＿＿＿：德国数学家、哲学家，生于1646年。他与第(9)题的数学家同时独立创立了"导数"。他创设了许多迄今为止仍在被使用的数学符号，其中包括微分符号和积分符号。

（13）莫＿＿＿＿＿＿＿：德国数学家、天文学家，生于1790年。他最著名的发现是一条只有单面的、不可定向的曲面环带，该环带也以这名数学家的名字命名。值得一提的是，他与另一名生于1808年的德国数学家约翰·贝内迪克特·利斯廷同时分别发现了相同的结构。

（14）奈＿＿＿＿＿＿＿：苏格兰数学家，生于1550年。他是"对数"的创立者，还推广了小数点的使用。值得一提的是，生于1487年的德国数学家米夏埃尔·施蒂费尔曾比该数学家更早发现了对数。

（15）奥＿＿＿＿＿＿＿：西班牙数学家，生于1936年。他曾是西班牙马德里康普顿斯大学教授，讲授《数学分析》课程，曾在数学的推广普及方面做出了巨大贡献。他创立了ESTSLMAT项目（数学人才激励项目），主要针对在数学方面有天赋和才能的年轻人，通过一系列指导和课程，促进他们的数学思维的进步。

（16）毕＿＿＿＿＿＿＿：公元前6世纪数学家，生于古希腊萨摩斯。他曾提出一个以他为名的著名定理，即在直角三角形中，斜边的平方等于两条直角边长的平方之和。

（17）丹尼尔·奎_____：美国数学家，生于1940年。曾获1978年菲尔兹奖。菲尔兹奖是数学界最高奖项，每四年颁发一次。由于诺贝尔奖未设数学奖，所以菲尔兹奖相当于数学界的诺贝尔奖。这位数学家晚年时不幸罹患阿兹海默症，于2011年辞世。

（18）罗_____：英国数学家、哲学家、作家，生于1872年。在他98年的人生中，经历了许多精彩的故事。他曾于1950年获得诺贝尔文学奖，并与其老师共同撰写了传世之作——《数学原理》。他发现了集合论悖论，该悖论以他的名字命名，也被称作"理发师悖论"。

（19）谢_____：波兰数学家，生于1882年。他曾出版50本著作，发表700多篇论文。他致力于研究集合论和数论，最出名的杰作是以他的名字命名的分形三角形。

（20）塔_____：意大利数学家，生于1499年。这个名字是他的绰号。他发现了三次方程的一般解法，由二项式展开系数构成的三角形以他的名字命名（或者说是以他的绰号命名）。

（21）乌_____：波兰数学家，曾定居美国，生于1908年。他曾与尼古拉斯·梅特罗波利斯（1915—1999）共同提出"蒙特卡洛法"，即一种概率计算，求解定积分近似值。

（22）韦_____：法国数学家，生于1540年。他首次使用字母来表示方程中的参数。他卒于1603年，这一年也标志着文艺复兴时期数学的结束和巴洛克时期数学的开始。他一生优渥富足，曾任律师，还曾效力两朝法国国王。

（23）魏_____：德国数学家，生于1815年。被誉为"现代分析之父"。他严格定义了无理数，并界定了极大、极小、函数、导数等我们至今仍在使用的概念。

（24）约_____：法国数学家，生于1957年。曾于1994年获得菲尔兹奖，致力于研究动力系统。

（25）策_____：德国数学家、哲学家，生于1871年。他开创了公理集合论，其中包括著名的"良序定理"。

144. 下面有9张卡片，每张卡片上有4个字母，这9张卡片共同组成了一个3×3的大正方形。请你重新摆放或旋转这些卡片，使得两张相邻卡片的邻边上的字母相同。

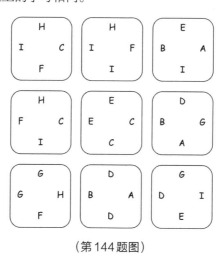

（第144题图）

145. 这道题很难，只有六岁的小孩才能很快做出来。

请观察以下五位数所代表的值：

99000: 5   33271: 0

23256: 1   66988: 7

73531: 0   83725: 2

15722: 0   96007: 4

22222: 0   11102: 1

55523: 0   77666: 3

88888: 10   87656: 4

99999: 5

（第145题图）

请问60 751代表多少？

146. 请用图中的点连线，画出所有的正方形。请注意，同一个点不可以作为不同正方形的顶点；同一个点可作为一个正方形的顶点，同时组成另一个正方形的边。

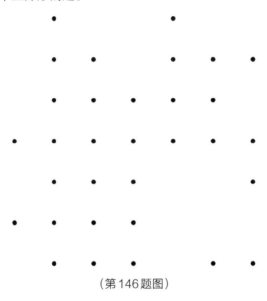

（第146题图）

147. 有一个三位合数（非质数）不能被2，3，5整除。请问这个数最小是多少？

148. 下图中有多少个三角形？

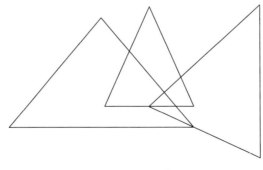

（第148题图）

149. 请观察，猜一猜各个字母代表的值是多少？

A	A	A	A	81
B	B	A	C	75
A	B	C	D	90
E	D	A	C	36

（第149题图）

150. 请用下图中的圆点作为顶点，画出图中所有的等边三角形。

（第150题图）

151. 请观察以下图案：

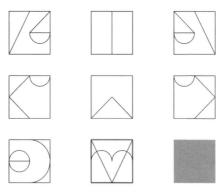

（第151题图A）

灰色方格处应为以下6个图案中的哪一个?

(第151题图B)

152. 数字10，12，20，26，31，34，41，54，60按以下顺序排列。它们的排列规律是什么?

10, 20, 12, 31, 41, 60, 34, 26, 54

153. 一张CD的价格并不是统一的，会根据店家、录制时间、内容质量的不同而变化。请问CD的"价值"是多少?

(译者注：请你查一查CD罗马数字的含义。)

154. 请将下面的图形分成形状、大小完全相同的两部分。图中的虚线仅为坐标参考，你无须根据虚线分割图形。

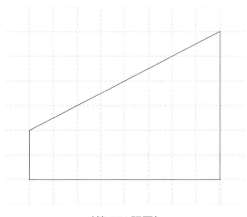

(第154题图)

155. 问号处应该填什么数字？

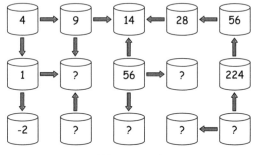

(第155题图)

156. 这个由数字组成的长方形中摆放了28块多米诺骨牌，但图中并未标注骨牌的位置。请你画出这28块骨牌，同一块骨牌只能出现一次。

（译者注：每块多米诺骨牌均为长方形，由两个数字组成。）

3	0	4	1	6	3	4	4
5	4	2	5	0	2	0	3
6	1	0	0	5	5	2	3
6	2	1	2	3	1	1	4
2	5	4	2	4	5	1	5
0	0	1	0	3	6	6	6
5	6	3	2	6	3	1	4

(第156题图)

157. 请画一条从 *A* 点到 *B* 点的线路，要求不得穿过图中的数字方格，不得触碰大正方形的边，且经过的位置不得重复。方格中的数字意为线路在此经过了该方格的几条边。

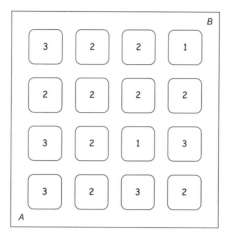

（第157题图）

158. 请判断以下说法是否正确，其中正确的是（　　　）

A. 正六边形有9条对角线。

B. 正五边形有5条对角线。

C. 钝角三角形只有1条高。

D. 在直角三角形中，直角边也是它的高。

E. 圆的切线垂直于经过切点的半径。

159. 仅用三次数字2并只进行一次数学运算可以得到结果484吗？如何得到？

160. 请观察下列字母：

S J D H M T T

请问下一个字母应该是什么？

（译者注：想一想，太阳系中有哪些行星？）

161. 如图所示，有两个半径长短未知的圆。已知连接两圆圆心的线段长4 cm。从两圆相交的其中一个交点处画出一条水平的直线，直线与两圆的交点分别为A和B。请问线段AB的长度是多少？

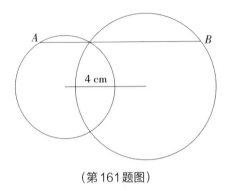

(第161题图)

162. 伊玛·莫里亚斯和艾伦迪娜·佩雷斯各签约了一项电话套餐（仅通话，无流量）。伊玛的套餐为通话 0.05 欧元/分钟，无套餐费。艾伦迪娜的套餐为通话 0.03 欧元/分钟，套餐费为 20 欧元。她们两人每个月都会打 1 000 分钟的电话，套餐内的通话费用均不分闲时或忙时。请问谁的费用更高？

163. 在下面的国际象棋棋盘中摆放了 8 个后。棋盘中所有的格子要么被后占据，要么受到一个或多个后的威胁。请你移动其中 3 个后的位置，使得棋盘中有 11 个格子不受任何威胁。

(第163题图)

数学游戏

164. 请将1到6填入下面的空格里，每个数字填写2次，使得任何连续的4格数字乘积均相等。

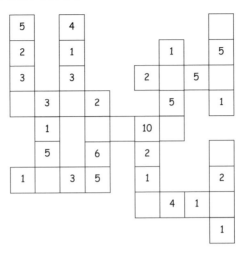

（第164题图）

165. 下图中有一个等边五角星，你能找到它吗？

（第165题图）

166. 请将1到49中尚未使用的数字填入这个7×7的正方形数盘中，数字不得重复使用，使得每行、每列、每条对角线上任意连续的7个数字之和均为175。

30	39	48	1	10	19	
38			9		27	
46	6	8	17		35	
5	14	16				45
			33	42	44	4
21			41		3	12
22	31		49	2		20

（第166题图）

167. 在下面的多米诺骨牌中，哪一块与其他的不同类？

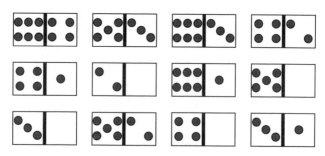

（第167题图）

数学游戏

168. 请观察下列单词：

VACUNO, ABEDUL, OCIOSO, EDITOR, DECENA, EFICAZ

请问接下来应该是哪个单词？

CEREZA, DAMERO, AGITAR

（译者注：VACUNO意为"牛"，ABEDUL意为"欧洲白桦"，OCIOSO意为"闲暇的"，EDITOR意为"编辑"，DECENA意为"十个"，EFICAZ意为"有效的"，CEREZA意为"樱桃"，DAMERO意为"国际跳棋棋盘"，AGITAR意为"摇动"。请观察单词的形态。）

169. 请将1到12中的数分别填入以下无底纹的空方格中，数字不得重复使用，使得图中的所有等式均能成立。

	+		+		=	16
+		−		+		+
	+		−		=	3
+		+		+		+
	+		−		=	
=		=		=		=
	+		+	10	=	31

（第169题图）

170. 下图代表什么？

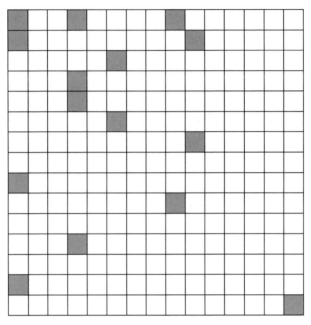

（第170题图）

171. 这是最后一道西班牙益智游戏"数字与字母"中的"数字问题"，你需要用以下所有数字进行数学运算，使得最终结果为1 111。请注意，所有数字仅能使用一次。

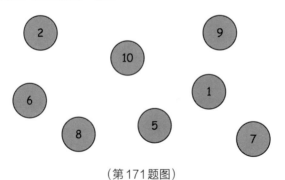

（第171题图）

数学游戏

172. 这是一个非常古老的传统游戏，名叫"楚卡·鲁玛"（Tchu-ka Ruma）。据说这个游戏来自印度，也有人认为它来源于马来西亚、印度尼西亚或其他亚洲国家。这个游戏需要8颗珠子（玻璃球、鹰嘴豆、西班牙白豆……）以及如下图所示的一块木板，木板上应有一排小洞，共5个，其中最大的洞位于木板的一端。如果你没有这样一块木板（你很可能没有！），你也可以在一张纸上画5个圆，并用筹码代替珠子。

（第172题图A）

游戏开始之前，你应在每个小洞里放2颗珠子，如下图所示。你需要通过多次移动，将所有的珠子都移动到最大的洞里，这个洞叫作"鲁玛"（Ruma），也就是储藏室的意思。如果你将所有的珠子都移动到鲁玛里，你就获胜了。

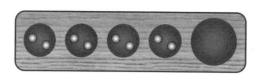

（第172题图B）

在一次移动中，你需要在4个小洞里任选其一，拿起该洞中所有的珠子，边移动边"播种"，也就是拿着珠子朝鲁玛的方向移动，在途经的每一个小洞中都放下一颗珠子，直到将手中的所有珠子都放置完毕。也就是说，你需要把第一颗珠子放在紧挨着你取珠子的小洞旁边的洞里，把第二颗珠子放在这个洞旁边的另一个洞里，以此类推。如果你在鲁玛中放了一颗珠子后手里还有珠子，那就从木板另一端的小洞开始继续放置珠子，这样就好像把两端的洞连接起来一样。

当你"播种"结束后，可能会有3种情况：

A. 最后一颗珠子在鲁玛中。如出现这种情况，你应当将其放在鲁玛里，然后开始新的一轮移动，从其他四个小洞中任选其一，拿起里面所有的珠子，就像前面介绍的步骤一样继续"播种"。

B. 最后一颗珠子在某一小洞中，且洞里还留有其他珠子。如出现这种情况，你应当拿起该小洞里的所有珠子，包括你最后放置的那颗珠子，并继续"播种"，相当于你选择了这一个小洞作为你下一轮移动的起点。

C. 最后一颗珠子在某一空的小洞中。如出现这种情况，你就输了。你可以在四个小洞里各放置2颗珠子，然后重新开始游戏。

173. 下列数字中有一个与其他数字属于不同类别。你知道是哪个吗？

（第173题图）

174. 猜猜这个未知数，它由4个不同的数字组成。字母"C"所在列的数字表示未知数与表中的四位数在同一数位上有几个相同的数字，字母"P"所在列的数字表示它们不同数位上有几个相同的数字。

				C	P
7	2	3	0	1	0
8	6	7	3	1	0
5	6	1	0	0	1
3	9	4	1	2	0

（第174题图）

　　　　　　　　　　　　　　　　　　　　数学游戏

175. 下图中有多少个六边形?

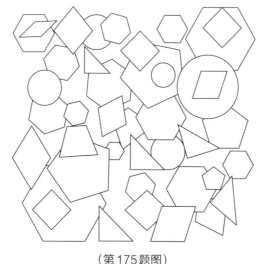

(第175题图)

176. 下图中的哪一个箭头与其他箭头不同类?

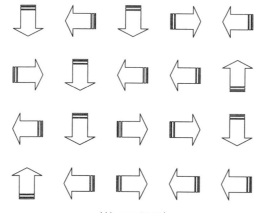

(第176题图)

177. 请观察下列数字的规律,猜一猜下一个数字应该是多少?

1, 2, 3, 6, 11, 20, 37, 68

178. 请将1到9填入下面的空白处，数字不得重复使用，使得同一条线上3个圆圈中的数字之和等于该条线上方块中的数字。

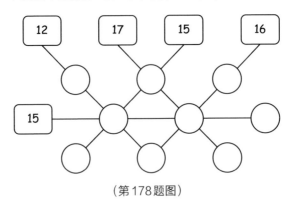

（第178题图）

179. 下图是由一条连续线条组成的封闭图形，它包含两个不同的部分，即由线条圈成的内部和外部。请问图中黑点的位置是内部还是外部？

（第179题图）

180. 下列数字除了都是四位数之外，还有一个共同点。这个共同点是什么？

数学游戏

（第180题图）

181. 请将下面的T字形分成形状、大小完全相同的4份。

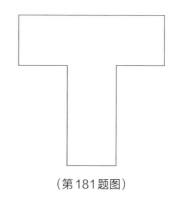

（第181题图）

182. 请观察以下图形。问号处应该填什么数字?

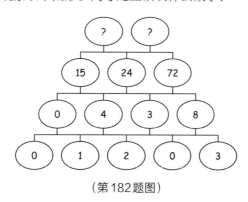

（第182题图）

183. 这是最后一道算式猜谜题。在下面这个加法竖式中，每一个字母都代表着0到9中的一个数字，相同的字母代表同一个数字，不同的字母代表不同的数字，每个单词的首字母不能是0。请问以下竖式中的字母分别代表什么数字？

（译者注：TARTA 意为"蛋糕"，CUMPLE 意为"生日"。）

```
    T A R T A
    T A R T A
+   T A R T A
─────────────
  C U M P L E
```

（第183题图）

　　　　　　　　　　　　　　　　　　数学游戏

解　析

1. 图中每个箭头尾端两个数字的乘积等于箭头所指的数字，即72。因此问号处应填24和 –8（请注意负数乘法的规则），如图所示。

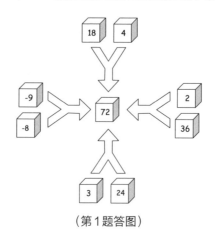

(第1题答图)

2. 这列字母是以中文数字读音的拼音首字母为规律排列的，从数字0开始到数字9，因此J后面的字母应该是S，即：

零 líng，一 yī，二 èr，三 sān，四 sì，五 wǔ，六 liù，七 qī，八 bā，九 jiǔ，十 shí。

3. 下面给出一种解法。只要将同一个字母排列在同一条斜线上即可。

A	B	C	D	E	F
F	A	B	C	D	E
E	F	A	B	C	D
D	E	F	A	B	C
C	D	E	F	A	B
B	C	D	E	F	A

(第3题答图)

　　　　　　　　　　　　　　　　　数学游戏

在本题的基础上，我们还可以改写出另外一道相似的题目：请你重新排列这些字母，使得每行、每列、每条斜线上都不得有两个相同的字母。不难发现，这道题无解（请你试试看！）。

4. 如下表所示，用伊斯雷尔的钱共有6种组合方式可以得到1.40欧元，也就是说，他可以有6种不同的方式来买西班牙夹肉面包。

1欧元	50欧分	20欧分	10欧分	5欧分
1	0	2	0	0
1	0	1	1	2
1	0	1	0	4
0	2	2	0	0
0	2	1	1	2
0	2	1	0	4

但是，伊斯雷尔不能再为他的朋友买一个西班牙夹肉面包了。因为伊斯雷尔总共只有2.70欧元，而2个夹肉面包的价格为2.80欧元。

5. 共有14条不同的线路，如下图所示。

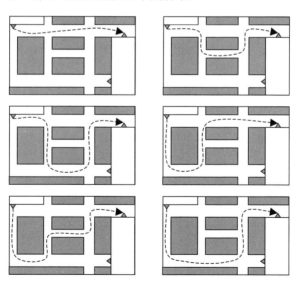

（第5题答图A）

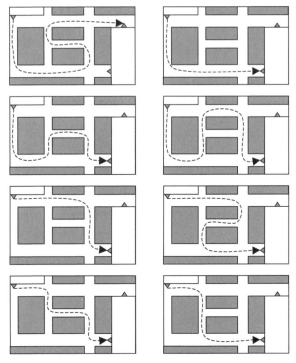

（第5题答图B）

6. 该图代表的是100以内的质数。如果我们画一个5行、20列的图表，代表1到100中所有的自然数，那么图中的阴影部分代表的就是100以内所有的质数。

7. 图中所有的三角形均等底等高，因此这些三角形的面积相等。由于三角形的面积为底乘高除以2，所以三角形的面积仅取决于其底和高的长度。如三角形等底等高，那么其面积也是相同的。因此，尽管图中的这些三角形形态各异，它们的面积仍然相同。

如图中小正方形面积为 1 cm²，则其边长为 1 cm，由此可得出所有三角形的底为 1 cm，高为 2 cm。因此各三角形的面积为：

$$S = (底 \times 高)/2 = (1 \times 2)/2 = 2/2 = 1\,cm^2$$

请注意，尽管形状不一，每个三角形的面积均与小正方形的面积相同。如小正方形的面积不等于 $1\ \text{cm}^2$，这个规律仍然成立。

8. 除784之外，其他所有的数均为两个连续数字的乘积，如下所示：

$20 = 4 \times 5$	$380 = 19 \times 20$
$30 = 5 \times 6$	$462 = 21 \times 22$
$56 = 7 \times 8$	$702 = 26 \times 27$
$72 = 8 \times 9$	$756 = 27 \times 28$
$110 = 10 \times 11$	$812 = 28 \times 29$
$182 = 13 \times 14$	$992 = 31 \times 32$
$306 = 17 \times 18$	

通过观察可以发现，784比 27×28 大，比 28×29 小。由于784位于这两对连续数字的乘积之间，所以它不能被分解为两个连续数字的乘积，因此本题答案为784。

9. 答案如下：

15	-	11	+	8	-	2	=	10
+		+		+		+		
12	+	1	+	14	-	5	=	22
+		+		-		-		
4	+	7	-	9	+	6	=	8
-		-				+		
16	-	13	+	3	+	10	=	16
=		=		=		=		
15		6		10		11		

（第9题答图）

解析

10. 下面给出一种解法：

$$(4 \times 4 - 4) \times 4 = 48$$

请用正确的运算规则进行运算：

$$(4 \times 4 - 4) \times 4 = (16 - 4) \times 4 = 12 \times 4 = 48$$

在这个算式中，我们按照题目要求利用了5种不同的数学运算符号，即两次乘号、一次减号及一对括号。

11. 你可以将这个长方形分成如下的两部分（阴影和非阴影部分）。

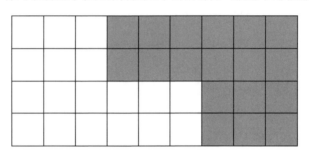

（第11题答图A）

这两个部分刚好可以拼成如下图所示的正方形。

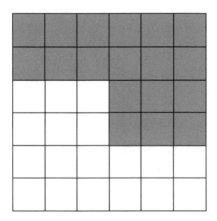

（第11题答图B）

数学游戏

12. 图中数字为 1 到 10 的平方，但缺少 8 的平方 64，因此答案为 64。

13. 图中隐藏的正五边形如下图阴影部分所示。

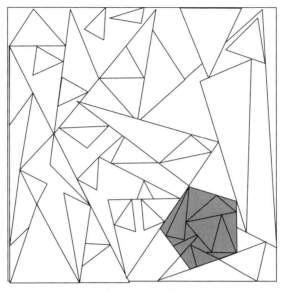

（第13题答图）

14. 答案是 12 769。12 769 的平方根为 113。所有为完全平方数的又比 12 769 小的五位数有：10 000，10 201，10 404，10 609，10 816，11 025，11 236，11 449，11 664，11 881，12 100，12 321 和 12 544。这些数字为 100 到 112 中的自然数的平方，但均不符合"由 5 个不同的非零数字组成"这一条件，因此本题答案为 12 769。

15. 应按照以下步骤走棋：

（1）白马走到 e6 格，将军；黑王只能走到 h7 格；

（2）白马走到 f8 格，将军；黑王只能走到 g7 格；

（3）位于 e7 格的白兵走到 e8 格，黑王被将死。

16. 该金字塔中的数字为其下方两个数字的乘积。答案如图所示。

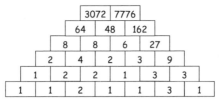

（第16题答图）

17. 下面给出一种解法。本题解法不唯一，你也可以找到其他正确的解法。

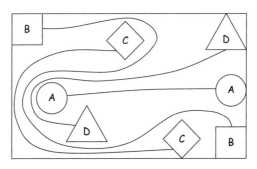

（第17题答图）

18. 本题共有两种不同解法，如下所示。

解法一：

```
      6 0 9 5 8
      6 0 9 5 8
  +   6 0 9 5 8
  ─────────────
  1 8 2 8 7 4
```

解法二：

```
      9 3 6 1 8
      9 3 6 1 8
  +   9 3 6 1 8
  ─────────────
  2 8 0 8 5 4
```

数学游戏

19. 这串数字是1到10的平方根的小数点后第一位。下一个数字应为11的平方根的小数点后第一位，因此答案为3。

20. 图案中不同样式的小方块代表不同数值，各小方块所代表数值的乘积为每个图案旁的数字。由此可以推测出，白色方块代表1，阴影方块代表2，斜纹方块代表3，圆点方块代表4，网格方块代表5。因此，字母A代表的数字为2，3，4，5的乘积，即120。

21. 本题有多种解法。第一种解法为计算每一轮的参赛人数，以及每一轮的比赛场数，比赛场数即参赛人数除以2，最后将每轮比赛场数相加，即可得到本题答案。你可以使用图表或其他方式来辅助计算。第二种解法是使用1/2的幂和来计算。由于每轮淘汰一半的败者，每轮对战的场数恰好为上一轮的一半，以此类推，使用1/2的幂和可以简化整体运算过程。第三种解法是最简单的，即逻辑推理：由于每场比赛都会淘汰一名参赛者，因此被淘汰了多少人就需竞赛多少场。由于最终只有一名胜者，所以需要淘汰1 023名参赛者，也就是说总共应举办1 023场比赛。本题运用逻辑推理的方法则无须进行计算。

22. 图中共有32个点。根据题意可知，画一个正方形要4个点，且各正方形的顶点均不重合。因此，用总点数32除以每个正方形所需的点数4可知，总共可以画出8个正方形，如图所示。

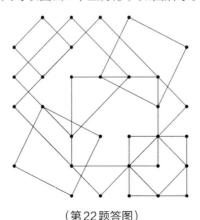

（第22题答图）

23. 通过观察可以发现，每个图案中均有两条线段，我们只需找到这两条线段的规律，即可确定灰色方格处的图案样式。

首先，左侧三张图案中均在左上方有一条横线段，中间三张图案均在左中部有一条横线段，右侧两张图案均在左下方有一条横线段。以此类推，灰色方格处的图案应在左下方有一条横线段，因此排除了选项中三张不符合要求的图案。

其次，在题目所给的八个图案中，另一条线段均以图案中心点为端点，就像钟表的指针。因此，符合要求的图案应为第二排的第二个。

24. 如图所示：

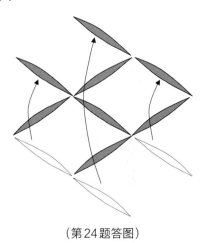

（第24题答图）

25. D

选项 A 不正确。从西班牙的一个城市到墨西哥的一个城市的最短距离如果是直线，则需穿过地球，坐飞机是无法实现的。

选项 B 不正确。从太阳系中看地球无法看到其全貌，因为总有一面是看不到的。

选项 C 不正确。如果地球的赤道更长，那么地球的直径应该更大。

26. 277 和 223 是质数，两者之和为 500。991 和 1 009 是质数，两者之和为 2 000。

　　　　　　　　　　　　　　　　数学游戏

在本题中，500 和 2 000 这两个偶数均可写成两个质数之和。一般认为，任何一个偶数均可以表示为两个质数之和，但尚未得到证实。这一猜想名为"哥德巴赫猜想"，由数学家克里斯蒂安·哥德巴赫（1690—1764）提出。1742 年，哥德巴赫给著名数学家莱昂哈德·欧拉去信，信中陈述了他的这一猜想。从那时起，众多数学家均尝试证明或推翻这个猜想，但至今均未成功。由于一直无法被证实，人们普遍认为它是迄今为止最难的悬而未决的数学问题，我们还需继续努力去找寻它的答案。

但与很多数学难题不同的是，哥德巴赫猜想几乎家喻户晓。这主要有以下三个原因：第一，猜想的陈述非常简单，人人都可以理解；第二，许多媒体多次撰文提及这一猜想；第三，许多书籍和电影情节均借鉴这一猜想，如希腊作家阿波斯多罗斯·多夏狄斯于 1992 年所著的畅销书《彼得斯叔叔和哥德巴赫猜想》，以及 2007 年由路易斯·佩德拉希塔和罗德里格·索佩纳执导、众多影星出演的西班牙电影《费马的房间》。

你也可以用其他偶数来验证哥德巴赫猜想，找到两个质数，其相加之和正好等于这个偶数。这个过程虽然会花费一些时间，但你一定可以做到。

27. 答案如下：

4	1	2	7	6	3	8	5
5	4	7	6	1	8	3	2
8	3	6	5	4	1	2	7
7	8	5	2	3	4	1	6
2	7	4	1	8	5	6	3
3	2	1	4	5	6	7	8
6	5	8	3	2	7	4	1
1	6	3	8	7	2	5	4

（第 27 题答图）

28. 可以通过以下步骤得到2 012：

用25，15和1得到：25 − 15 = 10，10 + 1 = 11；

用75和120得到：75 + 120 = 195。

将以上两个得数相乘：195 × 11 = 2 145。

用5，26和3得到：5 × 26 = 130，130 + 3 = 133。

用2 145减去133，可得2 012：2 145 − 133 = 2 012。

29. 如图所示：

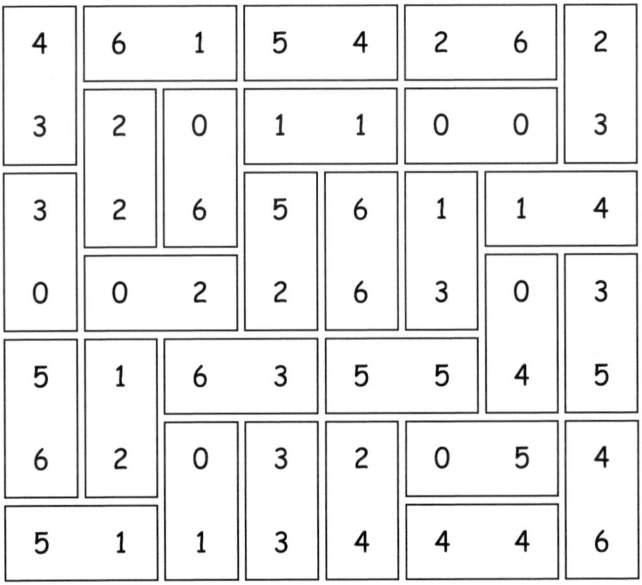

4	6	1	5 4	2 6	2	
3	2	0	1 1	0 0	3	
3	2	6	5 6	1	1 4	
0	0	2	2 6	3	0 3	
5	1 6	3	5 5	4	5	
6	2 0	3	2 0	5	4	
5 1	1	3	4	4 4	6	

(第29题答图)

30. 共有30个正方形。包括21个小正方形，还有8个由4个小正方形组成的2 × 2的中正方形，以及一个由9个小正方形组成的3 × 3的大正方形。

31. 如图所示，本题共有两种解法。你也可以将三角形各条边上非顶点处的数字交换位置，得到更多解法，但其本质不变。

解法一：

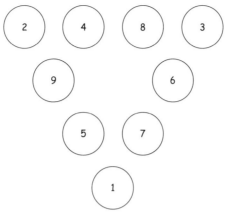

（第31题答图A）

解法二：

（第31题答图B）

32. 图中数字以列为单位，每列的三个数字为一组。每列上方的数字除以中间的数字所得的余数为下方的数字，即：24除以7余数为3，29除以5余数为4，14除以4余数为2。以此类推，由于37除以8余数为5，因此空格处应填5。

33. 在罗马数字中，M代表1 000，L代表50，XL代表40。因此如果我们将其按照罗马数字从小到大排列应为XL，L，M。

衣物的尺码其实与罗马数字没有任何关系，它们来自于英语中号（Medium）、大号（Large）和加大号（Extra Large）的首字母及缩写形式。除这几个尺码之外，还有XS，即超小号（Extra Small）；S，即小号（Small）和XXL，即特大号（Extra Extra Large）等，但这些尺码在罗马数字中均没有对应。

34. 总共能画出26个正方形。除了12个小正方形之外，还可以画出6个3×3的中正方形和2个4×4的大正方形，此外还有6个斜正方形。

让我们重新数一遍：

2×2的小正方形：12个（如左上图所示）。

3×3的中正方形：6个（如右上图所示，图中只画出了一个）。

4×4的大正方形：2个（如左下图所示，图中只画出了一个）。

斜正方形：6个（如右下图所示，图中只画出了两个）。

综上所述，共可画出12+6+2+6=26个正方形。

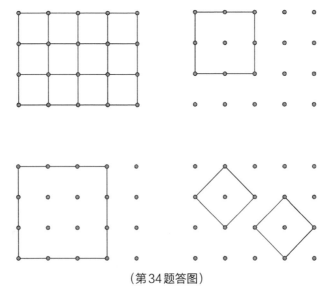

（第34题答图）

35. 如图所示：

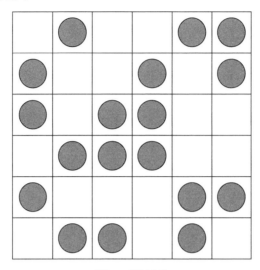

（第35题答图）

36. 5 172。

37. 让我们一起数一下：

大箱子：5个（如题所示）。

中箱子：15个（每个大箱子中有3个中箱子：3 × 5 = 15）。

小箱子：60个（每个中箱子中有4个小箱子：4 × 15 = 60）。

综上所述，洛伦佐·米拉莱斯共有80个箱子。

38. 本题中，每个单词所代表的数值与该单词中字母的对称性有关。如字母B、C、D、E、I等是上下对称的字母，A、H、I、M、T等是左右对称的字母，H、I、O、X等是上下左右都对称的字母。

因此，题目中每个单词有多少个对称字母，这个单词所代表的数值就是多少。

例如，单词MERMELADA中只有2个不对称字母，也就是R和L，有7个对称字母（包括重复字母），因此它所代表的数值是7。单词CE-BOLLETA中有2个不对称字母，也就是两个L，有7个对称字母，因此它所代表的数值也是7。以此类推。

所以，单词FUEGO所代表的数值应是3，因为字母F和G为不对称字母，字母U、E和O是对称字母。

39. 由图可知，大正方形中的数字之和为180，为了使裁剪出的6块中数字之和均相等，我们可以将180除以6，得到每块中数字之和为30。因此可行的裁剪方式如图所示：

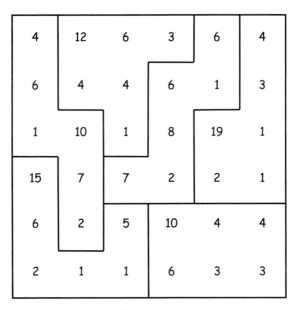

（第39题答图）

40. 本题需要你掌握一些数学运算公式和法则，如完全立方公式、完全平方公式、提取公因数、用因式分解法分解三次方程（即利用鲁菲尼定理）等。14到15岁学生均应掌握以上知识点，但如果你还没学过，没关系，你可以向身边人寻求帮助，理解下面的解题步骤。这是本书中解法最复杂的一道题目，用到的公式最多，你一定发现了其他题目没有这么难吧！

本题解法如下：

由于表达式的结果未知，故设其为 "x"，即：

$$x = \sqrt[3]{20 + 14\sqrt{2}} + \sqrt[3]{20 - 14\sqrt{2}}$$

很明显，直接解立方根是比较难的，而且也不能将两个立方根直接相加。为了开根号，我们可以将两者之和整体立方，即：

$$x^3 = \left(\sqrt[3]{20 + 14\sqrt{2}} + \sqrt[3]{20 - 14\sqrt{2}}\right)^3$$

通过完全立方和公式可得：

$$x^3 = \left(\sqrt[3]{20 + 14\sqrt{2}}\right)^3 + 3\left(\sqrt[3]{20 + 14\sqrt{2}}\right)^2 \sqrt[3]{20 - 14\sqrt{2}} +$$

$$3\sqrt[3]{20 + 14\sqrt{2}}\left(\sqrt[3]{20 - 14\sqrt{2}}\right)^2 + \left(\sqrt[3]{20 - 14\sqrt{2}}\right)^3$$

用三次方将三次根号去掉之后可得：

$$x^3 = 20 + 14\sqrt{2} + 3\left(\sqrt[3]{20 + 14\sqrt{2}}\right)^2 \sqrt[3]{20 - 14\sqrt{2}} +$$

$$3\sqrt[3]{20 + 14\sqrt{2}}\left(\sqrt[3]{20 - 14\sqrt{2}}\right)^2 + 20 - 14\sqrt{2}$$

将两个20相加，再将$14\sqrt{2}$和$-14\sqrt{2}$抵消，可得：

$$x^3 = 40 + 3\left(\sqrt[3]{20 + 14\sqrt{2}}\right)^2 \sqrt[3]{20 - 14\sqrt{2}} +$$

$$3\sqrt[3]{20 + 14\sqrt{2}}\left(\sqrt[3]{20 - 14\sqrt{2}}\right)^2$$

可见，等号右边第二项和第三项的因数相同，即$\sqrt[3]{20 + 14\sqrt{2}}$，$\sqrt[3]{20 - 14\sqrt{2}}$和3。将公因数提到括号外面可得：

$$x^3 = 40 + 3\sqrt[3]{20 + 14\sqrt{2}}\ \sqrt[3]{20 - 14\sqrt{2}} \cdot$$

$$\left(\sqrt[3]{20 + 14\sqrt{2}} + \sqrt[3]{20 - 14\sqrt{2}}\right)$$

解析

此时，括号内的表达式即我们此前所设的"x"，将其用"x"替代后可得：

$$x^3 = 40 + 3\sqrt[3]{20 + 14\sqrt{2}}\ \sqrt[3]{20 - 14\sqrt{2}}\ x$$

此时有两个立方根相乘。由于指数相同，所以可以将其合并在一个根号下，即：

$$x^3 = 40 + 3\sqrt[3]{\left(20 + 14\sqrt{2}\right)\left(20 - 14\sqrt{2}\right)}\ x$$

被开方数为两数之和乘以两数之差，可以利用平方差公式，或将两者相乘后分别计算，可得：

$$x^3 = 40 + 3\sqrt[3]{20^2 - \left(14\sqrt{2}\right)^2}\ x$$

继续计算：

$$x^3 = 40 + 3\sqrt[3]{400 - 392}\ x$$

$$x^3 = 40 + 3\sqrt[3]{8}\ x$$

$$x^3 = 40 + 3 \cdot 2x$$

$$x^3 = 40 + 6x$$

移项后可得：

$$x^3 - 6x - 40 = 0$$

此时我们得到一个三次方程，我们可以用因式分解法，即鲁菲尼定理来分解第一项，可得：

$$(x - 4)(x^2 + 4x + 10) = 0$$

可知，括号内的两项的乘积为0，因此括号内的两项要么均等于0，要么有一项等于0：

$$\begin{cases} x - 4 = 0 \\ x^2 + 4x + 10 = 0 \end{cases}$$

若 $x - 4 = 0$，那么 $x = 4$，本题答案为4。若 $x^2 + 4x + 10 = 0$，则无实根，因为二次方程的判别式为负数。故答案为4。

41. 同一块骨牌中上下两部分的点数之差为自然数列1，2，3，4，5……，以此类推，下一块骨牌的点数之差应为6，因此下一块骨牌应是左数第二个，即上方点数为0，下方点数为6的骨牌。

42. 我们将何塞·胡安·胡亚雷斯修电脑所用的时间换算成分钟后可以发现，他们二人所用时间是完全相等的。

何塞·胡安·胡亚雷斯修电脑的时间为2小时14分钟15秒，将时、分、秒换算成分钟分别为120分钟，14分钟和0.25分钟。其中15秒为四分之一分钟，四分之一写成小数为0.25，所以15秒为0.25分钟。请注意，由于1分钟只有60秒而非100秒，所以15秒不是0.15分钟。

我们将120分钟、14分钟和0.25分钟相加后可得：120 + 14 + 0.25 = 134.25分钟，因此两人所用时间相等。

43. 答案如图所示：

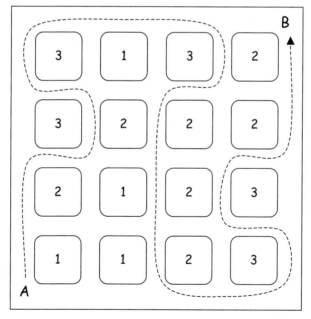

（第43题答图）

44. 答案如下：

（1）算术

（2）角平分线

（3）弦

（4）十边形

（5）螺旋线

（6）公式

（7）图表

（8）斜边或弦

（9）恒等式

（10）相似形

（11）公升或千升

（12）边

（13）被减数

（14）数

（15）年

（16）垂心

（17）周长

（18）分数

（19）差

（20）化简

（21）三项式

（22）单位

（23）体积

（24）W

（25）指数

（26）邻角

（27）不规则四边形

45. 答案如图所示：

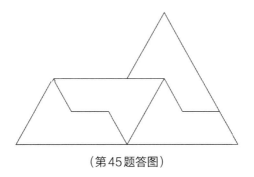

（第45题答图）

46. 正方形右侧的数字代表各行字母所代表的数值之和，因此 A = 6，B = 4，C = 1，D = 7。

47. 本题有多种解法，最简单的方法是从结果倒推，直到推导出最初的情况，如下表所示：

孔索尔来酒吧次数	孔索尔付钱后	孔索尔收钱后	孔索尔随身携带的钱
4	0	8	4
3	4	12	6
2	6	14	7
1	7	15	7.5

孔索尔第四次来酒吧之后手里就没钱了，也就是说，孔索尔给了博尔哈8欧元后就没钱了，那么他在付钱之前手里应有8欧元。由于孔索尔每次来酒吧时带了多少钱，博尔哈就会给他多少钱，而这8欧元又是博尔哈给了孔索尔钱之后的数目，因此孔索尔第四次来酒吧时应该带了4欧元，这也就意味着他在第三次离开酒吧时，手里应有4欧元。

因为孔索尔在第三次离开酒吧时手里有4欧元，所以在他给博尔哈付8欧元之前应有12欧元，那么他在第三次来酒吧时所携带的钱应为12欧元的一半，也就是6欧元。

我们可以用同样的方式继续推导孔索尔第二次和第一次来酒吧时的情况，也就是加8后用所得结果再除以2，最终得到孔索尔在第一次来酒吧时应该随身携带了7.5欧元。

48. 应按照以下步骤走棋：

（1）白后走到h3格（白后下一步走到h7格则会将死黑王）；位于f8格的黑车走到h8（如白后走到h3格后，位于f8格的黑车走到g8格，那么位于a7格的白车可走到f7格，吃掉f7格的黑兵。随后无论黑棋如何落子，都无法避免白后走到h7格将死黑王）；

（2）位于a7格的白车走到f7格，吃掉f7格的黑兵，将军；黑王只能走到g8格；

（3）位于e4格的白马走到f6格，黑王被将死。

49. 每颗星星上都有线条延伸而出，星星上的数字即表示从这颗星星延伸出了多少条线。根据这个规律，问号处应该填写的数字为2。

50. 设所求半径为r。

从大半圆的直径可知，两个小半圆的半径均为3 cm，且其中一个小半圆的圆心、其外切圆的圆心及该小半圆和外切圆的切点均在同一条直线上，因此小半圆圆心到其外切圆圆心的距离是$3 + r$。此外，大半圆圆心到其内切圆圆心的距离为$6 - r$。如图所示：

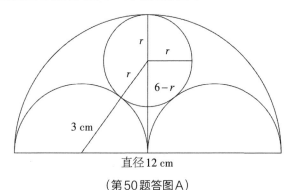

直径12 cm

（第50题答图A）

由图可知，以小半圆圆心、大半圆圆心和切圆圆心为顶点的三角形为直角三角形：

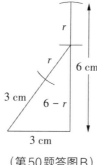

（第50题答图B）

根据毕达哥拉斯定理（译者注：即勾股定理）可知：

$$(3 + r)^2 = 3^2 + (6 - r)^2$$

继续计算平方：

$$9 + 6r + r^2 = 9 + 36 - 12r + r^2$$

继续简化：

$$6r = 36 - 12r$$

移项：

$$6r + 12r = 36$$

$$18r = 36$$

$$r = 2$$

因此，大半圆的内切圆、两个小半圆的外切圆的半径为2 cm。

51. 由图可知，阴影部分的面积等于半径为6 cm的大半圆面积减去半径为2 cm的切圆面积和两个半径为3 cm的小半圆面积。

两个半径为3 cm的小半圆面积等于一个半径为3 cm的圆面积，因此，我们只需计算半径为6 cm的大半圆面积减去半径为2 cm的切圆面积和一个半径为3 cm的圆面积所得的结果。

我们需要利用圆面积公式$S = \pi r^2$，可得阴影部分面积为：

解析

$S = \dfrac{\pi 6^2}{2} - \pi 3^2 - \pi 2^2$（此处分母为 2，是因为计算的是半径为 6 cm 的半圆面积）

将 π 作为公因数提取到括号外面：

$$S = \left(\dfrac{6^2}{2} - 3^2 - 2^2\right)\pi$$

继续计算：

$$S = \left(\dfrac{36}{2} - 9 - 4\right)\pi$$

$$S = (18 - 9 - 4)\pi$$

$$S = 5\pi$$

52. 答案为 9 427。

我们在这些数字中选取一个，将其每一位数字相加后，得到一个新的数字；再将这个新数字的每一位相加，又可得到一个新的数字。我们按此方式不断演算，直到所得数字为一个一位数为止。

例如，我们选取 6 782 这个数字，其每一位数字之和为：6 + 7 + 8 + 2 = 23。由于 23 不是一个个位数，因此我们继续将其每一位数字相加，得到：2 + 3 = 5。此时 5 为一个一位数，我们即可以停止演算。

通过计算可以发现，数字 9 247 经演算之后所得数字为 4，即：9 + 2 + 4 + 7 = 22，2 + 2 = 4，而其他数字经以上步骤演算后所得一位数均为 5。因此 9 247 与其他数字不同类。不信的话，你可以算算看！

53. $3^3 + 3 = 30$。在这个算式中，我们仅用了三次数字 3，且仅有两次数学运算，即幂运算和加法运算。

54. 如图所示（划掉的数字加阴影）：

7	1	1	6	4	1	5	2	1	8	3	3
1	5	7	6	2	0	6	3	8	5	3	3
9	4	2	3	6	1	7	7	6	6	8	5
1	5	4	2	3	2	7	1	1	6	9	7
4	6	9	2	9	7	3	1	3	9	9	0
2	8	1	7	6	8	3	3	4	0	5	9
5	8	2	9	6	6	9	3	2	1	8	2
0	0	5	8	1	3	9	4	2	7	6	0
3	0	6	4	8	9	1	5	7	4	2	7
6	3	1	1	1	5	4	5	7	2	6	6
8	3	3	4	7	7	2	6	5	1	1	1
6	2	9	9	5	4	8	0	0	3	7	1

(第54题答图)

55. 我们知道，最小的四位数为1 000，最大的四位数为9 999。由于该球体的体积为一个四位数乘以π，那么它的体积一定是在1 000π和9 999π之间，所以可写为：

$$1\,000\pi \leqslant V \leqslant 9\,999\pi$$

将V替换成球体体积公式，即：

$$1\,000\pi \leqslant \frac{4\pi r^3}{3} \leqslant 9\,999\pi$$

将不等式两边整体除以4π后再乘以3，可得：

$$\frac{3\,000}{4} \leqslant r^3 \leqslant \frac{29\,997}{4}$$

$$750 \leqslant r^3 \leqslant 7\,499.25$$

提取立方根，去掉r上的三次方，可得：

$$\sqrt[3]{750} \leqslant r \leqslant \sqrt[3]{7\,499.25}$$

$$9.09 \leqslant r \leqslant 19.57$$

解析

因为半径为一个自然数，所以

$$10 \leqslant r \leqslant 19$$

用同样的思路，我们可以将该球体的表面积写为：

$$1\,000\pi \leqslant S \leqslant 9\,999\pi$$

将S替换成球体表面积公式，即：

$$1\,000\pi \leqslant 4\pi r^2 \leqslant 9\,999\pi$$

将不等式左右两边均除以4π，可得：

$$\frac{1\,000}{4} \leqslant r^2 \leqslant \frac{9\,999}{4}$$

$$250 \leqslant r^2 \leqslant 2\,499.75$$

提取平方根，去掉r上的二次方，可得：

$$\sqrt{250} \leqslant r \leqslant \sqrt{2\,499.75}$$

$$15.81 \leqslant r \leqslant 49.98$$

因为半径是一个自然数，所以

$$16 \leqslant r \leqslant 49$$

此前我们已经得到半径的长度在10到19之间，又同时需要满足在16到49之间，因此该球体的半径应在16到19之间，所有的可能性包括16，17，18，19。我们将这四个数字分别代入公式验证，即可找到本题答案。

首先，将16代入球体体积公式：

$$V = \frac{4\pi 16^3}{3} = 5\,461.33\pi$$

可见，得数带有小数，并非一个四位数字，因此排除16。

用同样的方式验证17和19，发现其得数均带有小数，因此均被排除：

$$V = \frac{4\pi 17^3}{3} = 6\,550.67\pi$$

$$V = \frac{4\pi 19^3}{3} = 9\,145.33\pi$$

可以看到，16，17和19均无法被3整除，因此代入体积公式后不可被3约分。

而18可以被3整除，因此可以得到：

$$V = \frac{4\pi 18^3}{3} = 7\,776\pi$$

综上所述，该球体的半径为18。

56. 分别计算1到9的立方，取其得数的个位数字，即为题目中这些数字的排列规律。如下所示：

$$0^3 = 0$$
$$1^3 = 1$$
$$2^3 = 8$$
$$3^3 = 27(取个位数字7)$$
$$4^3 = 64(取个位数字4)$$
$$5^3 = 125(取个位数字5)$$
$$6^3 = 216(取个位数字6)$$
$$7^3 = 343(取个位数字3)$$
$$8^3 = 512(取个位数字2)$$
$$9^3 = 729(取个位数字9)$$

57. 本题有三种解法，如下所示。

解法一：

```
    3 9 5 6 2
          8 7 4
    3 9 5 6 2
          8 7 4
+   3 9 5 6 2
  ─────────────
  1 2 0 4 3 4
```

（第57题答图A）

解法二：

```
        5  6  4  2  7
              8  3  9
        5  6  4  2  7
              8  3  9
   +    5  6  4  2  7
   ───────────────────
     1  7  0  9  5  9
```

（第57题答图B）

解法三：

```
        7  8  0  6  3
              4  9  1
        7  8  0  6  3
              4  9  1
   +    7  8  0  6  3
   ───────────────────
     2  3  5  1  7  1
```

（第57题答图C）

58. 由下图可知，$105°$ 的角和用三条弧线标注的角共同组成了一个平角，因此用三条弧线标注的角的度数可用 $180°$ 减去 $105°$ 求得，即 $75°$。此时，在右侧的三角形中，有两个角是已知角，分别为 $60°$ 和 $75°$；还有一个角是我们需要求得的未知角，即上方的阴影角。我们知道，一个三角形的三个内角和为 $180°$，因此我们可以用 $180°$ 减去 $60°$ 和 $75°$，得到该阴影未知角的度数为 $45°$。

数学游戏

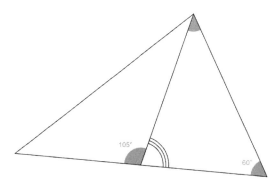

（第58题答图）

59. 答案为343。343是唯一一个三位单数回文数，且为一个完全立方数，其立方根为7。

60. 答案如答图所示：

32	29	12	9	16	13
30	31	10	11	14	15
4	1	17	20	36	33
2	3	18	19	34	35
21	24	28	25	5	8
22	23	26	27	6	7

（第60题答图）

61. 可以看到，图中的箭头总共排列成了4行5列。我们从上到下、从左到右来看一下这些箭头的方向：

右、左、下、下、下、上、左……我们可以发现，从第8个箭头开始，其方向开始重复以上顺序，即：右、左、下、下、下……以此类推，被挡住箭头的朝向应为上。

62. 这些数字代表闰年中各个月份的天数。因此下一个数字应为31，即八月有31天。

63. 如图所示：

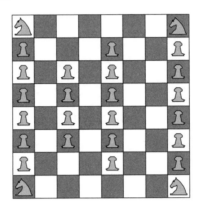

（第63题答图）

64. 在所有的图案中均有一条连续的线与正方形中的上、下、右这三条边相交，只有第一行最右边的图案不同，其中的线与正方形的四条边均相交。因此答案为第一行最右边的图案。

65. 下面给出一种解法。本题解法不唯一，你也可以找到更多其他正确的解法。

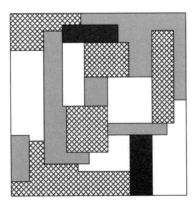

（第65题答图）

数学游戏

这道题来源于一道非常著名的数学问题——"四色问题"。本题中的正方形被分割成了不同的部分，我们可以用四种颜色为各个部分上色，使得相邻部分的颜色均不相同。你也可以试试看，如果只用三种颜色去上色，就无法满足本题的要求；如果用四种以上的颜色去上色，本题会变得更加简单。那么问题来了：如果换一种方式来分割这个正方形呢？不管将正方形分割成什么样，是否仅用四种颜色上色就都可以使相邻部分的颜色均不同呢？是否存在其他的分割方式，要求我们必须使用至少五种颜色上色才能满足题目要求呢？还有，"四色规律"是否适用于除正方形外的其他形状？如果是一个平面呢？

将一个平面分割成不同的部分，其实很像画地图的过程，即用连续的线段将不同的区域分隔开来。那么我们也可以这样问：是否能够仅用四种颜色就可以将任意一张地图上有共同边界的区域（国家、地区、省市……）着上不同的颜色？

乍一看这个问题像是一道给孩子们出的益智游戏。它是，但它又不是。

我们不再深究这个问题，可以回溯一下这道题的历史。

"四色问题"最早是由英国人弗朗西斯·格思里（1831—1899）于1852年提出的。他在提出这个问题的时候已经不是孩子，但还是一名学生。有一天，也许是不想好好学习，他开始给地图涂色玩，也就是在这时，他发现了这个问题。

由于这个问题实在是太像一个益智游戏，一开始的时候，数学家们并没有给予它很多的关注。但多年过去后，英国数学家亚瑟·凯利（1821—1895）推广了这道题，"四色问题"正式成为一道"数学问题"，开始得到众多数学家的重视。大大小小的数学家们均尝试去解决它，但过程并不容易。英国数学家彭西·约翰·希伍德（1861—1955）曾花费了60年来研究"四色问题"，最终成功证明用五种颜色即可满足题目要求。

在探究这一问题的过程中，也曾存在各种各样的证法，很多人一度认为它们是正确的，但最终又被证明是错误的。

直到一个多世纪之后，1976年，数学家凯尼斯·阿佩尔（1932—2013）和沃夫冈·哈肯利（1928—2022）用当时最强大的计算机，花费了1 200多个小时来计算，才最终解决这一问题。在这之前，还从未有人用电脑来解决过数学问题。又过了20年，1996年，数学家们又提出了一个更简单的证法，当然，他们也利用了计算机。

如果你想继续探索这道题，你可以将任何一幅地图涂上颜色。选用的地图不同，涂色的难度也可能不同，但你一定可以仅用四种颜色就满足题目要求。但不管怎样，千万不要沉迷于此，不要像我们的数学家朋友希伍德一样，花费人生中的那么多时间来涂地图啊！

66. 由题可知，未对折的纸条长120 cm，对折多次后变成7.5 cm。我们要计算有多少段长7.5 cm的纸条，也就是要计算120 cm中可以包含多少个7.5厘米。换句话说，我们只需用120 cm除以7.5 cm，即可得到答案为16段。而每一段长7.5cm的线条均有一条折痕，所以共有15条折痕。

67. 将每张桌子旁摆的椅子数与桌子数相乘，即可得到所有椅子的数目。因为每张桌子旁摆的椅子数与桌子总数相同，所以我们需要将两个相同的数字相乘，也就是求一个数的平方。由于椅子总数为一个三位数，所以这个数的平方应为三位数。又由于10以下数字的平方为两位数，31以上数字的平方为四位数，所以这个数应为10到31之间的一个数。此外，这个三位数的各个数位之和为10，那么满足以上所有条件的三位数只有361，也就是19的平方。下面将列举10到31的平方，以及其平方的各个数位之和，可以发现，只有361满足题目要求。

数字	数字平方	平方数位之和	数字	数字平方	平方数位之和
10	100	1	21	441	9
11	121	4	22	484	16

数字	数字平方	平方数位之和	数字	数字平方	平方数位之和
12	144	9	23	529	16
13	169	16	24	576	18
14	196	16	25	625	13
15	225	9	26	676	19
16	256	13	27	729	18
17	289	19	28	784	19
18	324	9	29	841	13
19	361	10	30	900	9
20	400	4	31	961	16

68. 如果把这道题与国际象棋结合，我们可以将题目改为：把5个后放入6×6的正方形棋盘中，使得它们彼此之间互不构成威胁。本题解法如下：

(第68题答图)

69. 如答图所示：

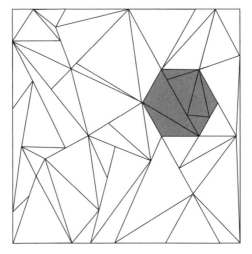

（第69题答图）

70. 我们可以遵循下面的移动顺序。请注意，在移动前两个筹码时，我们在中间留下了两个空位，在下图中已用虚线标出。

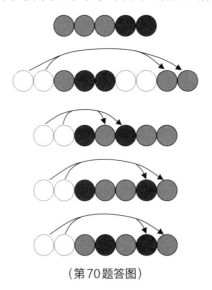

（第70题答图）

　　　　　　　　　　　　　　　　　　　　数学游戏

71. 答案如下:

19	9	8	8	16				29
13		21		22				14
15		12		1	14	4	30	11
10		1		11		17		1
3	9	18	20	10		24		5
	17		4			9		
	11		20	2	5	6	27	
	15		9					
	8		7	32	3	5	13	

(第71题答图)

72. 在本题中,每行都有三个图案,每行中间的图案样式为两侧图案样式的组合。因此,灰色处的图案中应有一个圆并在中心有一个点,即为选项中位于第二行第一个的图案。

73. 答案为25。去掉十位数字之后,剩下的个位数字为5,等于25的五分之一。

74. 如答图所示。如果你想了解更多关于《苏格兰咖啡馆数学问题集》的信息,请查阅下面的网站:http://gaussianos.com/el-cuaderno-escoces/。

(译者注:网页为西班牙语。)

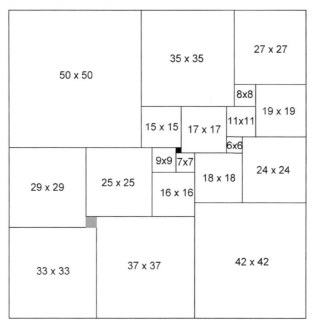

(第74题答图)

75. 请注意，由于所有硬币完全相同，因此在分配硬币时，我们只需注意每个人手中得到了几枚硬币，而非哪枚硬币到了谁的手中。如下表所示，总共有6种不同的方式来分硬币，每个人手中的硬币最多不超过3枚，因为一旦超过3枚就会有人拿不到硬币。

甲	乙	丙
3枚硬币	1枚硬币	1枚硬币
2枚硬币	2枚硬币	1枚硬币
2枚硬币	1枚硬币	2枚硬币
1枚硬币	3枚硬币	1枚硬币
1枚硬币	2枚硬币	2枚硬币
1枚硬币	1枚硬币	3枚硬币

76. 下面给出两种解法。棋盘格中的数字表示的是该格被多少枚棋子威胁。

解法一：

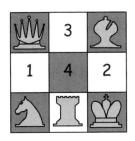

（第76题答图A）

解法二：

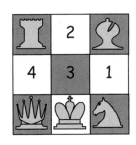

（第76题答图B）

77. 从左右两图分别来看，每条直线上的三个数字之和均相等。在左图中，同一条直线上的三个数字之和为23；在右图中，同一条直线上的三个数字之和为30。因此，空白处应填入的数字为4和7。

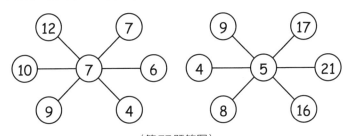

（第77题答图）

78. 第一个单词CANTAR有两个A，第二个单词BEBIDA有两个B，第三个单词ACCESO有两个C，第四个单词ADEUDO有两个D，第五个单词LEER有两个E，第六个单词FORFAIT有两个F。因此接下来的单词应该有两个G，只有GIGANTE符合要求，因此答案是GIGANTE。

79. 以下为1到500中所有的自然数，其中所有的数字2均以黑体加粗标出。可以发现，数字2总共出现了200次。

1, 2, 3, 4, 5, 6, 7, 8, 9, 10, 11, 12, 13, 14, 15, 16, 17, 18, 19, 20, 21, 22, 23, 24, 25, 26, 27, 28, 29, 30, 31, 32, 33, 34, 35, 36, 37, 38, 39, 40, 41, 42, 43, 44, 45, 46, 47, 48, 49, 50, 51, 52, 53, 54, 55, 56, 57, 58, 59, 60, 61, 62, 63, 64, 65, 66, 67, 68, 69, 70, 71, 72, 73, 74, 75, 76, 77, 78, 79, 80, 81, 82, 83, 84, 85, 86, 87, 88, 89, 90, 91, 92, 93, 94, 95, 96, 97, 98, 99, 100, 101, 102, 103, 104, 105, 106, 107, 108, 109, 110, 111, 112, 113, 114, 115, 116, 117, 118, 119, 120, 121, 122, 123, 124, 125, 126, 127, 128, 129, 130, 131, 132, 133, 134, 135, 136, 137, 138, 139, 140, 141, 142, 143, 144, 145, 146, 147, 148, 149, 150, 151, 152, 153, 154, 155, 156, 157, 158, 159, 160, 161, 162, 163, 164, 165, 166, 167, 168, 169, 170, 171, 172, 173, 174, 175, 176, 177, 178, 179, 180, 181, 182, 183, 184, 185, 186, 187, 188, 189, 190, 191, 192, 193, 194, 195, 196, 197, 198, 199, 200, 201, 202, 203, 204, 205, 206, 207, 208, 209, 210, 211, 212, 213, 214, 215, 216, 217, 218, 219, 220, 221, 222, 223, 224, 225, 226, 227, 228, 229, 230, 231, 232, 233, 234, 235, 236, 237, 238, 239, 240, 241, 242, 243, 244, 245, 246, 247, 248, 249, 250, 251, 252, 253, 254, 255, 256, 257, 258, 259, 260, 261, 262, 263, 264, 265, 266, 267, 268, 269, 270, 271, 272, 273, 274, 275, 276, 277, 278, 279, 280, 281, 282, 283, 284, 285, 286, 287, 288, 289, 290, 291, 292, 293, 294, 295, 296, 297, 298, 299, 300, 301, 302, 303, 304, 305, 306, 307, 308, 309, 310, 311, 312, 313, 314, 315, 316, 317, 318, 319, 320, 321, 322, 323, 324, 325, 326, 327, 328, 329, 330, 331, 332, 333, 334, 335, 336, 337, 338, 339, 340, 341, 342, 343, 344, 345, 346, 347, 348, 349, 350, 351, 352, 353, 354, 355, 356, 357, 358, 359, 360, 361, 362, 363, 364, 365, 366, 367, 368, 369, 370, 371, 372, 373, 374, 375, 376, 377, 378, 379, 380, 381, 382, 383, 384, 385, 386, 387, 388, 389, 390, 391, 392, 393, 394, 395, 396, 397, 398, 399, 400, 401, 402, 403, 404, 405, 406, 407, 408, 409, 410, 411, 412, 413, 414, 415, 416, 417, 418, 419, 420, 421, 422, 423, 424, 425, 426, 427, 428, 429, 430, 431, 432, 433, 434, 435, 436, 437, 438, 439, 440, 441, 442, 443, 444, 445, 446, 447, 448, 449, 450, 451, 452, 453, 454, 455, 456, 457, 458, 459, 460, 461, 462, 463, 464, 465, 466, 467, 468, 469, 470, 471, 472, 473, 474, 475, 476, 477, 478, 479, 480, 481, 482, 483, 484, 485, 486, 487, 488, 489, 490, 491, 492, 493, 494, 495, 496, 497, 498, 499, 500。

（第79题答图）

数学游戏

80. 如图所示:

3	2	4	6	5	3	5	2
6	3	0	2	6	1	1	0
6	0	1	3	6	2	2	0
4	1	5	5	4	5	1	0
0	2	2	1	5	6	5	3
3	4	4	1	0	2	0	4
6	6	3	3	4	4	5	1

（第80题答图）

81. 本题最简单的解法为倒推。你可以先不管本题的游戏规则，并将9枚棋子放入任意的棋盘格中。如下图所示，我们将此作为最终的棋局来倒推。

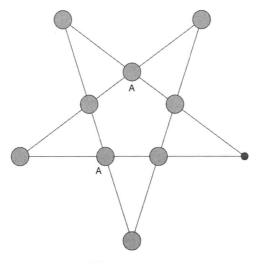

（第81题答图A）

现在我们开始倒推。首先，选择上一步可以被放置在空格处的棋子。在所给示例中，标注字母 A 的 2 枚棋子均可以被放置在空格处。我们将其中一枚棋子拿掉，并在空格旁标注"9"，如下图所示。现在棋盘上有 2 个空格。

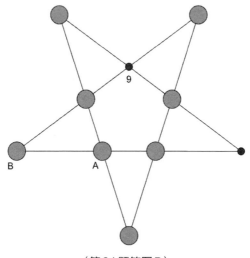

(第81题答图B)

我们继续用棋盘上所剩的 8 枚棋子倒推，选择上一步可以被放置在空格处的棋子。现在我们有 2 种选择，如从刚才的空格出发，那么可以选择棋子 A；如从空格 9 出发，那么可以选择棋子 B。不管选择哪一个，将其拿掉后，请在空格处标注"8"。

随后，我们继续用同样的方式倒推，直到整个棋盘上的棋子都被拿掉，并有 9 个棋盘格上分别标注了 1 到 9。现在，让我们根据游戏规则和所标注的数字顺序，重新再下一遍"五星棋"。

可以发现，选择不同的空格落子，就会产生不同的下法。本题总共有 10 种不同的下法。

82. 含有 100100 年的世纪是未来首个所含年份中不存在回文数的世纪。请你想想这是为什么？

83. 答案如下：

6	+	11	-	5	-	2	=	10
+		-		+		+		+
12	+	1	+	13	-	9	=	17
-						+		+
15	-	4	-	8	+	16	=	19
+		+		-		-		+
7	+	14	-	3	-	10	=	8
=		=		=		=		
10	+	20	+	7	+	17	=	54

（第83题答图）

84. 请注意这些数字中的个位数，它们是按从9到1的倒序顺序排列的。

85. 图案中不同样式的小方块代表不同数值，各小方块所代表数值之和为每个图案旁的数字。因此可以推测出，网格方块代表0，白色方块代表1，圆点方块代表2，阴影方块代表3，斜线方块代表4。因此，字母A代表的数字为1，2，3，4这几个数字的和，即10。

86. 我们用0.4和0.6来举例。

首先计算两数中较大数的平方：$(0.6)^2 = 0.36$，后与较小数相加：$0.36 + 0.4 = 0.76$。

随后反过来再做一次，计算两数中较小数的平方：$(0.4)^2 = 0.16$，后与较大数相加：$0.16 + 0.6 = 0.76$。

可以发现，两个结果完全相等。

请你试试用0.2和0.8来计算，所得的两个结果也是完全相等的。此外，由于题目中并未要求必须选择两个正数，所以如果我们选择一个大于1的数字和一个负数，只要两者之和为1，也符合题目要求，且同样会得到两个相同的结果，如1.7和-0.7。

我们惊奇地发现，在以上几个示例中，计算所得的两个结果均相等。那么问题来了，是否总是可以遵循这个规律呢？答案是肯定的。

假设我们所选的数字为x和y，由于$x + y = 1$，移项后可得$y = 1 - x$。

不管x与y谁大谁小，我们总是要计算$x^2 + y$和$y^2 + x$，因此我们将$y = 1 - x$代入后可得：

$$x^2 + y = x^2 + (1 - x) = x^2 - x + 1$$
$$y^2 + x = (1 - x)^2 + x = x^2 - 2x + 1 + x = x^2 - x + 1$$

（请注意，运用平方和公式）

显而易见，不管x与y值为何，计算后所得的结果总是相等。

87. 不可能做到，理由如下：

假设我们用这6块拼图拼成了一个包含36个小正方形的大正方形，也就是一个6×6的大正方形。随后，我们仿照国际象棋棋盘的样式将该大正方形涂色，如下图所示。此时，黑方格与白方格的数量一致，均为18个。

（第87题答图A）

与此同时，6张拼图也应穿插着涂上颜色，如下图所示。

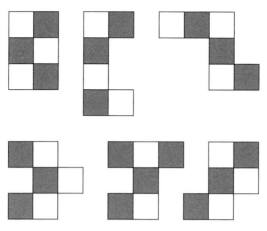

（第87题答图B）

这6张拼图的上色方式并不唯一，部分拼图中的黑白格位置可以互换。

但上色方式并不重要，我们需要关注下面这个问题：除了第二行第二个拼图之外，其他几个拼图均有3个黑格和3个白格，且如果将其黑白格位置互换后，两者数量也是相同的。而第二行第二个拼图中有4个黑格和2个白格。

我们可以发现，所有的黑格数量和所有的白格数量并不相同，而拼成题目要求的大正方形需要黑、白格各18个，因此用这6块拼图拼不出所需的正方形，或者用数学家们的话来说，这是一个矛盾问题。

88. 这些数字分别代表1到9的汉字写法笔画，即：

一：1画

二：2画

三：3画

四：5画

五：4画

六：4画

七：2画

八：2画

九：2画

下一个数字应当是10，其汉字写法"十"有2画，因此答案应该是2。

89. 请顺着箭头所指方向，可以发现，这些数字是按照圆周率π的值所排列的。因此，按照箭头顺序，问号处应填入数字5，3和5。

90. 本题唯一的解法为将大正方形分成4个完全相同的"L"形部分，每个"L"形部分由3×2个小正方形组成。如下图所示，为方便大家理解，我们已将部分小正方形的边隐去。

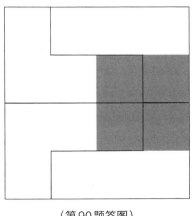

（第90题答图）

91. 应按照以下步骤走棋：

（1）白马走到e6格，将军；黑王只能走到f7格；

（2）白象走到h5格，将军；黑王只能走到e6格，吃掉e6格的白马；

（3）白后走到d5格，黑王被将死。

92. 答案为C

选项A不正确。正五边形的各条边长度均相同。

选项B不正确。平行四边形的两组对边分别平行，其对角线不平行，而是相交于该平行四边形的中心点。

选项D不正确。正十边形的边心距一定比其外接圆半径短。

选项C正确。可以通过下图来证明：

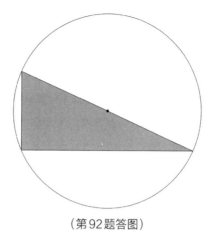

（第92题答图）

93. 在本题中，每行都有三个图案，每行中间的图案样式为两侧图案样式的组合，并去掉重合部分的线条。因此灰色处应为选项中位于第一行第三个的图案。

94. 下图为2个以五角星最下方的顶点为顶点的四边形，以此类推，五角星的每一个顶点都能形成2个四边形。因此该五角星内总共有10个四边形。

（第94题答图A）

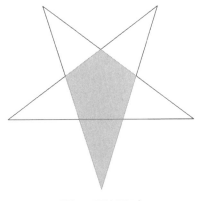

（第94题答图B）

95. 与上道题相似，下图为3个以六角星最下面的顶点为顶点的五边形，以此类推，六角星的每一个顶点都能形成3个五边形。因此该六角星内共有18个五边形。

（第95题答图）

96. 我们将图中的所有数字分解质因数后可以发现，所得的质数仅有2，3，5（1不是质数）。其中2出现了18次，3出现了18次，5出现了12次。由于每个部分的乘积相等，那么各个部分所有的质数及其数量应该完全一致，也就是说，每个部分应有2个2、3个3以及2个5，所得到的乘积为 $2^3 \times 3^3 \times 5^2 = 5400$。因此这个正方形的划分方式如图所示。

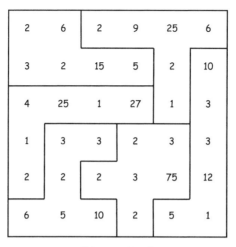

（第96题答图）

97. 在下图中我们可以看到三角形在正方形内部翻转所经过的位置，其中虚线表示翻转时其相应顶点所经过的轨迹。

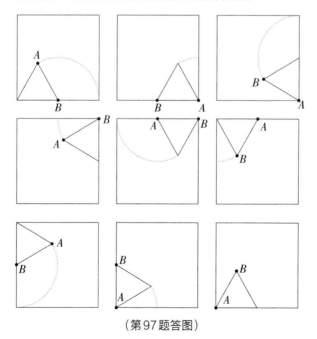

（第97题答图）

可以看到，三角形围绕正方形翻转一周后，顶点A与正方形左下角顶点重合。

为计算顶点A所经过的轨迹长度，我们需要计算该顶点总共翻转了多少角度，也就是将其每次翻转的角度相加。让我们依次来看：

第一次翻转：由于等边三角形的内角为60°，故顶点A翻转了120°。

第二次翻转：顶点A保持不动，翻转了0°。

第三次翻转：顶点A翻转的角度与顶点B翻转的角度相同，故顶点A翻转了120°。

第四次翻转：由于等边三角形的内角为60°，故顶点A翻转了30°。

第五次翻转：顶点A保持不动，翻转了0°。

第六次翻转：顶点A翻转的角度与顶点B翻转的角度相同，故顶点A翻转了30°。

第七次翻转：与第一次翻转类似，顶点A翻转了120°。

第八次翻转（最后一次翻转）：顶点A保持不动，翻转了0°。

综上所述，顶点A总共翻转了120° + 120° + 30° + 30° + 120° = 420°，也就是翻转了一圈零60°。接下来，我们需要用弧长公式来计算顶点A所经轨迹长度：

$$L = \frac{2\pi r}{360} \cdot a = \frac{2\pi 1}{360} \cdot 420 = \frac{840\pi}{360} = \frac{7\pi}{3} \approx 7.33 \, \text{cm}$$

（请注意，顶点A翻转的角度所形成的圆的半径为三角形的边长，也就是正方形边长的一半，即1 cm。）

98. 该金字塔中的数字为其下方两个数字的算术平均数。答案如图所示：

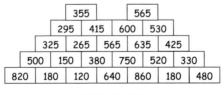

（第98题答图）

99. 可以通过以下步骤得到999：

计算3和75的乘积：3 × 75 = 225。

计算2，6和17的和：2 + 6 + 17 = 25。

将两者相减，得到：225 − 25 = 200。用200与5相乘，可得乘积为1 000。

用8减去7，得到差为1。

用1 000减去1，可得：1000 − 1 = 999。

100. 组成每个数字的小棍数量分别为2，5，5，4，5，6，3。我们将字母A到F分别用数字1到6来编号，那么以上这串数字所对应的字母为B，E，E，D，E，F，C。因此，问号处的字母应当是C。

101. 答案如下：

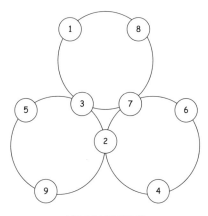

（第101题答图）

102. 下表为4种可能的答案：

x的值	y的值	z的值
5	1	1
3	2	1
1	3	1
2	1	2

103. 答案为 3 627。除 3 627 之外，其他所有的数字从千位到个位都是从小到大排列的。

104. 答案如下：

2	5	6	7	8	1	4	3
7	4	5	2	1	6	3	8
4	3	8	5	2	7	6	1
3	8	1	4	7	2	5	6
6	1	2	3	4	5	8	7
1	2	3	6	5	8	7	4
8	7	4	1	6	3	2	5
5	6	7	8	3	4	1	2

（第104题答图）

105. 图中共有 36 个点。根据题意可知，画一个正方形需要 4 个点，且各正方形的顶点均不重合。因此，用总点数 36 除以每个正方形所需的点数 4 可知，总共可以画出 9 个正方形，如图所示。

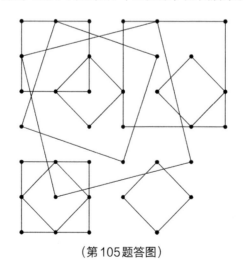

（第105题答图）

106. 本题唯一解法如图所示：

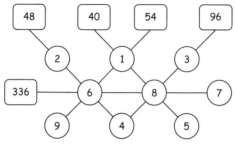

（第106题答图）

107. 下面给出一种解法：

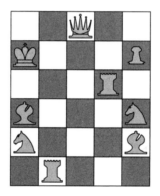

（第107题答图）

108. 本题唯一解法如下：

```
      3 7 3 9
      3 7 3 9
      3 7 3 9
      3 7 3 9
  +   3 7 3 9
  ───────────
  1 8 6 9 5
```

（第108题答图）

109. MIL代表罗马数字1 049，因此MIL比1 000更大。很有趣吧？当然，这种写法并非罗马数字的标准写法，严格按照其书写规则1 049应写为MXLIX。

110. 所有骨牌的点数之和均为偶数，除了6-1这一张骨牌，其和为奇数，故为本题答案。

111. 本题用排列组合或推理的方式来解最简单，我们可以将这个四位数想象成4个并排摆放的方格，我们需要将0到9中的数字填入这些方格中：

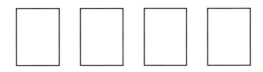

（第111题答图A）

由于该数字大于5 000小于6 000，故第一个方格中应填5，我们只需要确定后3个方格中的数字：

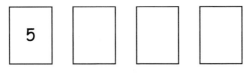

（第111题答图B）

由于每一数位的数字均不相同，故第二个方格中可填0到9之间除了5之外的9个数。第二个方格填入数字后，第三个方格中即可填入0到9之间除了5和第二个方格中数字之外的8个数。以此类推，第四个方格中可填入0到9之间除了5和第二、第三个方格中数字之外的7个数。

因此，我们可以确定在大于5 000且小于6 000的数字中，总共有$9 \times 8 \times 7 = 504$种不同的组合，满足各个数位数字均不相同的要求。

112. 设该平方根的值为x，计算如下：

$$x = \sqrt{20 + \sqrt{20 + \sqrt{20 + \sqrt{20 + \sqrt{20 + \sqrt{20 + \cdots}}}}}}$$

下面我们需要开根号，将等号两边同时平方：

$$x^2 = \left(\sqrt{20 + \sqrt{20 + \sqrt{20 + \sqrt{20 + \sqrt{20 + \sqrt{20 + \cdots}}}}}} \right)^2$$

此时可以去掉一个根号：

$$x^2 = 20 + \sqrt{20 + \sqrt{20 + \sqrt{20 + \sqrt{20 + \sqrt{20 + \cdots}}}}}$$

由于等号右边的平方根带有表示重复的省略号，故其形式与本题最初的平方根完全相同，也就是说，这一部分的值等于 x。因此，我们可以将该等式写为一个一元二次方程：

$$x^2 = 20 + x$$

移项后，可得：

$$x^2 - x - 20 = 0$$

使用一元二次方程求根公式并运算，可得：

$$x = \frac{-b \pm \sqrt{b^2 - 4ac}}{2a} = \frac{-(-1) \pm \sqrt{(-1)^2 - 4 \cdot 1 \cdot (-20)}}{2 \cdot 1} =$$

$$\frac{1 \pm \sqrt{1 + 80}}{2} = \frac{1 \pm \sqrt{81}}{2} = \frac{1 \pm 9}{2}$$

我们可以得到两个答案：

$$x = \frac{1 + 9}{2} = \frac{10}{2} = 5$$

$$x = \frac{1 - 9}{2} = \frac{-8}{2} = -4$$

由于 x 是一个平方根的值，故 x 不能为负，因此排除 -4 的答案，得到 $x = 5$。

解析

将该值代回原式，可得：

$$\sqrt{20 + \sqrt{20 + \sqrt{20 + \sqrt{20 + \sqrt{20 + \sqrt{20 + \cdots}}}}}} = 5$$

113. 本题中，每一列的两个数字为一对。如果将上方的数字写成中文，即可发现本题的规律，也就是下方数字代表上方数字写成中文后的笔画数：

14：十四（7画）

8：八（2画）

18：十八（4画）

2：二（2画）

6：六（4画）

由于20（二十）写成中文后共4画，故空白圆圈处应填4。

114. 如果将本题中的所有阿拉伯数字均写为罗马数字，我们可以发现，所有的罗马数字均由两个字母组成：

$$2 = II$$
$$6 = VI$$
$$9 = IX$$
$$11 = XI$$
$$15 = XV$$
$$51 = LI$$
$$90 = XC$$
$$101 = CI$$
$$600 = DC$$
$$2000 = MM$$

115. 答案为4 067。

116. 可以通过两种计算方式得到6：

$$\sqrt{12 \cdot 3}$$

$$12 - 3!$$

（数字3后的叹号代表3的阶乘，也就是3，2，1的乘积。某数的阶乘意为是所有小于及等于该数的自然数的积。）

117. 可以将这个长方形分成如图所示的两部分（阴影和非阴影部分）。

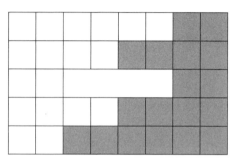

（第117题答图A）

这两个部分刚好可以拼成一个正方形：

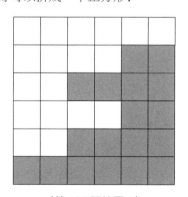

（第117题答图B）

118. 每一个图案中都有7个位置各不相同的直角三角形，但第二行最左边的图案中有8个直角三角形，因此该图案与其他图案不同类。

119. 答案如图所示：

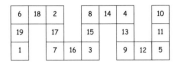

(第119题答图)

120. 下图所示的正方形满足题意，比题目中的正方形大，但在其他所有可能的正方形中面积最小。你想到这个摆放位置了吗?

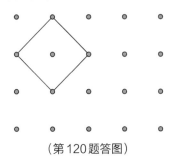

(第120题答图)

121. 下面给出一种解法，可在5步之内完成题目要求:

(第121题答图)

数学游戏

122. 本题唯一解法如下：

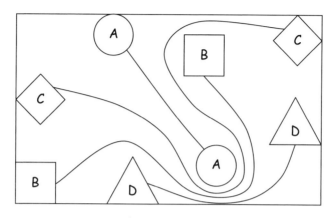

（第122题答图）

123. 该图代表的是60的所有约数。如果我们画一个3行、20列的图表，从左到右代表1到60中所有的自然数，那么图中的阴影部分代表的就是60的所有约数，即1，2，3，4，5，6，10，12，15，20，30和60。

124. 每一个图案内均有一个正方形和一条线段。在第一列的三个图案中，正方形位于图案左上角；在第二列的三个图案中，正方形位于图案右上角；在第三列的两个图案中，正方形位于图案右下角。因此，灰色处的图案内应有一个位于右下角的正方形，可以排除三个选项。下面观察每一列图案中线段的位置。以列为单位来看，各个图案中线段的方向都是一致的，且总有一条长线段和两条短线段。因此，灰色处图案内的线段方向应与该列其他两个图案中的方向一致，且由于已有一条长线段，故灰色处应为左数第二个图案。

125. 在图中所给的所有直线中，三角形的高为如图所示的这条直线。三角形的高为垂直于三角形一条边或其延长线的直线，且经过该边对角所在的顶点。

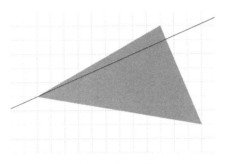

（第125题答图）

126. 可添加以下四个符号使得等式成立，即一个乘号、一个减号、一个加号和一个根号：

$$1 \times 2 - 3 + \sqrt{4} = 1$$

127. 下面给出一种解法，可在9步之内完成题目要求：

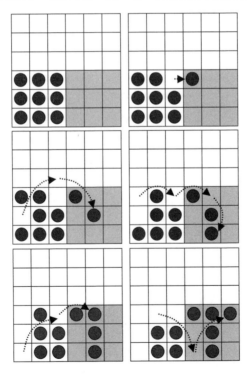

数学游戏

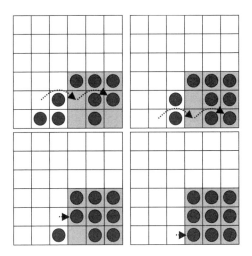

（第127题答图）

128. 本题同样基于第65题提到的"四色问题"，但本题仅需用三种颜色涂色，如图所示。

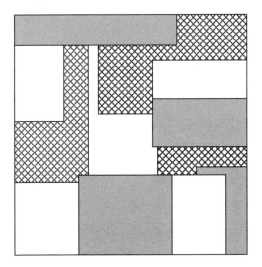

（第128题答图）

129. 答案如下。等式同侧的数字可以调换顺序，但其结果"本质上"还是一样的。

$$\boxed{2}+\boxed{3}+\boxed{5}+\boxed{6}+\boxed{7}+\boxed{9}=\boxed{1}\times\boxed{4}\times\boxed{8}$$

（第129题答图）

130. 图中数字均为36的约数，故缺少的数字为9。

131. 图中数字三个一组，在每组中，位于上方的数字均可通过位于下方的数字得到：上方数字的十位数字等于左下方数字的两位之积，上方数字的个位数字等于右下方数字的两位之积。如上方数字为一个个位数，那就说明其十位数为0。由此可知，问号处的两个数字分别为70和6。

132. 如一件T恤的价格为17欧元，且降价15%，那么其价格为14.45欧元。

$$17的15\% = (15 \times 17) / 100 = 255/100 = 2.25欧元$$

$$17 - 2.25 = 14.45欧元$$

降价后，该T恤又提价15%，那么其价格变为16.62欧元（千分位四舍五入）：

$$14.45的15\% = (15 \times 14.45) / 100 = 216.75/100 = 2.1675 欧元，千分位四舍五入后为2.17欧元，$$

$$14.45 + 2.17 = 16.62欧元$$

你可能以为，价格降15%后又升15%，那么该价格与原价一致，但实际上并不如此。如果先降价后提价，且降价的百分比与提价的百分比相同，那么变价后的价格会比原价低一些。也就是说，如果你希望变价前后价格一致，那就不能用同样的百分比先降价后提价。是不是感觉有点奇怪？还是你早已发现了这个规律呢？

133. 下图可见这只蚂蚁的移动轨迹，其每一步均由1到18标出，数字18即代表它走完所有的步骤后到达的位置。

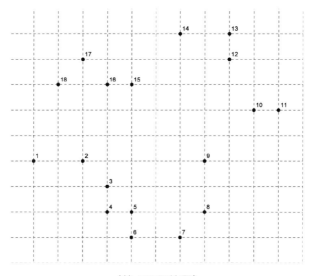

（第133题答图）

134. 这是一道很经典的问题，有多种解法，下面给大家介绍一个我个人认为最巧妙的解法：

首先，∠A 为正方形对角线的夹角，因此 ∠A = 45°，∠B + ∠C = 45°。

随后，如下图所示，我们在原题中的三个正方形下面再平行放置三个正方形，并画两条新的线段。请注意，为了方便大家理解，我隐去了原题中 ∠A 所在的那条线段。

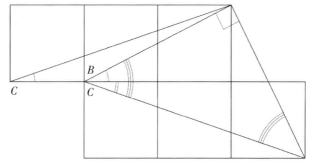

（第134题答图）

可以发现，首先，双弧线标注的角与∠C相等，因为两者均为三个并排正方形组成的长方形的对角线夹角之一；其次，折线标注的角为直角（请你想想这是为什么！）。此外，由于该直角的两条边均为两个并排正方形组成的长方形的对角线，因此可以形成一个等腰直角三角形，由此可得，由三条弧线标注的两个角相等，且均为45°。可以发现，∠B和双弧线标注的角相加等于45°，也就是说∠B + ∠C = 45°，因此证得∠A = ∠B + ∠C。

135. 应按照以下步骤走棋：

（1）白马走到f6格，吃掉f6格的黑兵；位于g7格的黑兵走到f6格，吃掉f6格的白马（如白马走到f6格后，黑王走到了h8格，那么白后可走到h7格，吃掉h7格的黑兵，随后将死黑王）；

（2）位于g2格的白兵走到f3格，吃掉f3格的黑兵，此时闪将黑王；黑王只能走到h8格；

（3）白后走到f6格，吃掉f6格的黑兵，黑王被将死。

136. 该金字塔中的数字为其下方两个数字的差。答案如下：

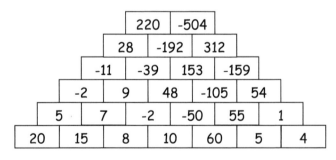

（第136题答图）

137. 由图可知，大正方形中的数字之和为240，为了使裁剪出的6块中数字之和均相等，可以将240除以6，得到每块中数字之和为40。因此可行的裁剪方式如下：

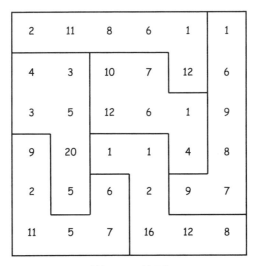

（第137题答图）

138. 如图所示。请注意，题中并未要求这3个等边三角形大小相同。

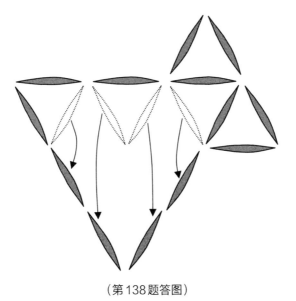

（第138题答图）

139. 本题唯一解法如下：

```
    4 0 3 7 1
    3 0 3 5 4
      2 7 1 0
+   2 0 6 5 0
─────────────
    9 4 0 8 5
```

（第139题答图）

140. 克里斯提娜可选择的路线总共有7条：

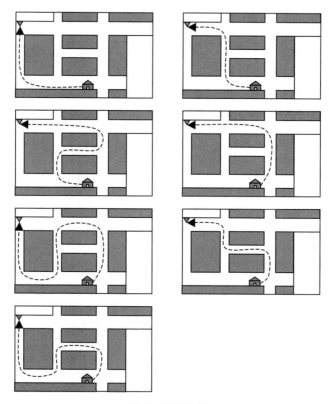

（第140题答图）

　　　　　　　　　　　数学游戏

141. 答案为64。题中所有数字均由两个数字组成，其中一个为质数，另一个为合数。而64中的数字均为合数，没有质数，因此与其他数字不同类。

142. 答案如下：

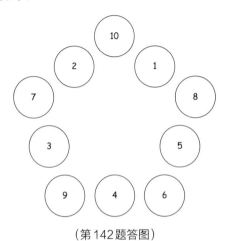

（第142题答图）

143. 答案如下：

（1）阿基米德

（2）波尔查诺

（3）康托尔

（4）笛卡儿

（5）欧拉

（6）费马

（7）高斯

（8）希尔伯特

（9）艾萨克（艾萨克·牛顿）

（10）胡里奥（胡里奥·雷伊·帕斯托尔）

（11）开普勒

（12）莱布尼茨

（13）莫比乌斯

（14）奈皮尔

（15）奥萨米斯（米格尔·德古兹曼·奥萨米斯）

（16）毕达哥拉斯

（17）丹尼尔·奎伦

（18）罗素

（19）谢尔宾斯基

（20）塔尔塔利亚。他的原名为尼科洛·丰塔纳。他曾为了在战争中保护自己的母亲，在嘴巴处受了敌军士兵一箭，因此落下了口吃的毛病。塔尔塔利亚（Tartaglia）在意大利语中意为"口吃者"。

（21）乌拉姆

（22）韦达

（23）魏尔施特拉斯

（24）约克兹

（25）策梅洛

144. 如图所示：

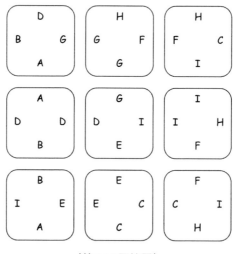

（第144题答图）

145. 这些五位数所代表的值是由这几个数字的写法中包含几个椭圆形决定的。比如说，数字9代表的值为1，因为写"9"时需要画一个椭圆（并向下画一道）；数字0代表的值也是1，因为写"0"时也需要画一个椭圆。因此，99 000代表的值为5，因为需要画五个椭圆。此外，数字6代表的值同样为1，因为写"6"时需要画一个椭圆（并向上画一道）。而写"2""3""5"时不需要画任何椭圆，所以它们所代表的值均为0。因此，23 256代表的值应为1。以此类推，可以一一确定其他数字的值。综上所述，60 751代表的值为2。

146. 图中共有32个点。根据题意可知，画一个正方形需要4个点，且各正方形的顶点均不重合。因此，用总点数32除以每个正方形所需的点数4，可知总共可以画出8个正方形，如图所示。

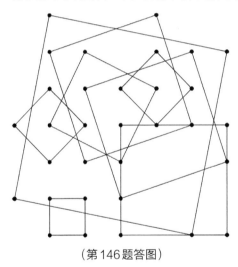

（第146题答图）

147. 答案为119。小于119的所有三位数，要么是质数，要么可被2或3或5整除，均不符合题目要求。

148. 共有7个三角形。

149. 每行字母所代表值的乘积等于该行标注的数字。因此，$A = 3$，$B = 5$，$C = 1$，$D = 6$，$E = 2$。

150. 你是不是没有画出来？我们确实无法用图中的点画出等边三角形，请你想一想这是为什么？

151. 首先，画一条垂直的直线，并整体观察这9幅图案。

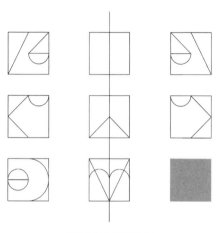

（第151题答图A）

以这条直线为轴，这9幅图案是左右对称的。因此，灰色处的图案应为第二行最左侧的图案。图案完整的布局如下。为了方便大家观察其对称性，我们保留了中间的垂直线。

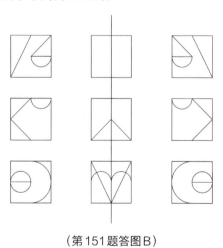

（第151题答图B）

　　　　　　　　　　　　　　　　　　　　　数学游戏

152. 这些数字按个位与十位数字相加，其得数为从1到9的顺序排列。

153. CD的"价值"是400。因为CD代表罗马数字400。

154. 答案如图所示：

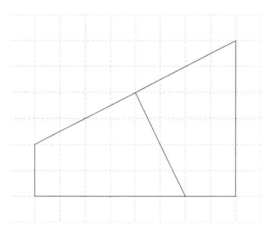

（第154题答图）

155. 本题中的每一个箭头都代表一次数学运算：向右的箭头代表加5；向左的箭头代表除以2；向下的箭头代表减3；向上的箭头代表除以4。以此类推，可以推断出问号处的数字如下：

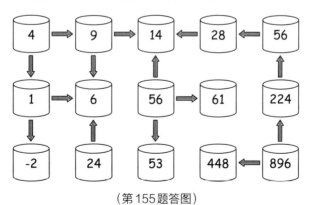

（第155题答图）

156. 答案如图所示：

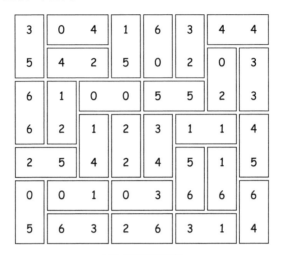

（第156题答图）

157. 答案如图所示：

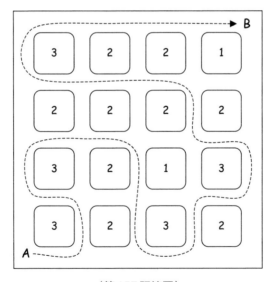

（第157题答图）

158. 选项 A 和选项 B 正确。多边形的对角线为连接两个不相邻的顶点（两个不在同一条边上的顶点）的直线。已知正多边形的边数，我们可以通过以下公式来计算正多边形的对角线共有几条：

$$N_d = \frac{n(n-3)}{2}$$

（N_d 为多边形的对角线条数，n 为正多边形的边数。）

我们也可以通过画图的方式来证明：

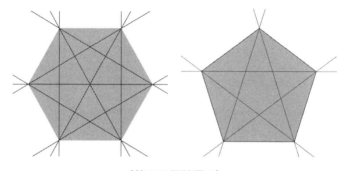

（第158题答图A）

选项 C 不正确。所有的三角形都有三条高。如图所示，在钝角三角形中，有一条高不与任何一条边相交，但与边的延长线相交，但这并不意味着这条高不存在。

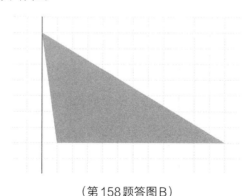

（第158题答图B）

选项 D 正确。直角三角形的直角边互相垂直，并穿过与其相对的顶点。

选项 E 正确。在下图中，阴影角为 90°。

故正确的选项为 ABDE。

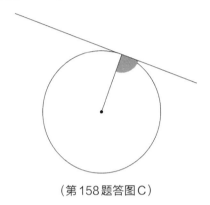

(第158题答图 C)

159. 22^2。在这个算式中，我们仅用了三次 2（数字 22 为两次 2），且仅有一次数学运算，即二次方。

160. 这几个字母是太阳系行星名称拼音的首字母：水星、金星、地球、火星、木星、土星、天王星。因此下一个字母应是 H，即海王星的拼音首字母。

161. 无须复杂计算即可得到线段 *AB* 的长度为 8 cm，即连接两圆圆心线段的 2 倍。让我们看看这是为什么：

首先，画 2 条垂直于线段 *AB* 的直线，使这两条直线分别经过两圆圆心，在下图中用虚线标出。这两条直线垂直于连接两圆圆心的线段，且分别与线段 *AB* 相交于 *P*、*Q* 两点。由于其同样垂直于线段 *AB*，因此 *P* 点、*Q* 点与两圆圆心可连接成为一个矩形，线段 *PQ* 的长度与连接两圆圆心线段长度相同，为 4 cm。此外，*P* 点为线段 *AC* 的中点，*Q* 点为线段 *CB* 的中点（请你想一想这是为什么!），也就是说 $AP = PC$，$CQ = QB$，又因 $AB = AP + PC + CQ + QB$，所以 $AB = PC + PC + CQ + CQ = 2PC + 2CQ = 2(PC + CQ) = 2PQ = 2 \times 4 = 8$ cm，可得 $AB = 8$ cm。

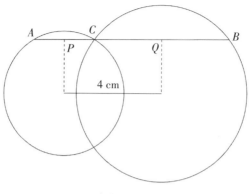

（第161题答图）

162. 两人的费用相同。

伊玛的费用：

$$0.05欧元/分钟 × 1000分钟/月 = 50欧元/月$$

艾伦迪娜的费用：

通话费：0.03欧元/分钟 × 1000分钟/月 = 30欧元/月

总费用：30欧元/月 + 20欧元/月 = 50欧元/月

163. 解法如图所示。未受任何威胁的11个棋盘格已用"×"标出。

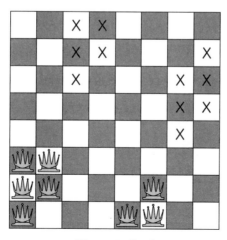

（第163题答图）

164. 答案如下：

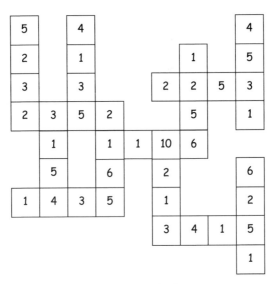

（第164题答图）

165. 如图所示，等边五角星位置有些隐蔽。

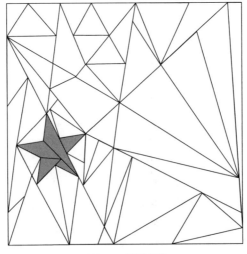

（第165题答图）

数学游戏

166. 答案如下：

30	39	48	1	10	19	28
38	47	7	9	18	27	29
46	6	8	17	26	35	37
5	14	16	25	34	36	45
13	15	24	33	42	44	4
21	23	32	41	43	3	12
22	31	40	49	2	11	20

（第166题答图）

167. 所有骨牌的点数之差均为质数，除了4-0这一张骨牌，其差为非质数，故为本题答案。

168. 这些单词的第二个字母是根据字母表顺序排列的，即：vAcuno，aBedul，oCioso，eDitor，dEcena，eFicaz。因此，下一个单词应为aGitar。

169. 答案如图所示：

5	+	8	+	3	=	16
+		-		+		+
2	+	7	-	6	=	3
+		+		+		+
4	+	9	-	1	=	12
=		=		=		=
11	+	10	+	10	=	31

（第169题答图）

170. 该图代表的是1到15的平方。如果我们画一个15行、15列的图表，从左到右、从上到下代表1到225中所有的自然数，那么图中的阴影部分代表的就是1到15的平方，即1，4，9，16，25，36，49，64，81，100，121，144，169，196和225。

171. 可以通过以下步骤得到1 111：

计算6和7的和：6 + 7 = 13。

计算5和2的差：5 − 2 = 3。

将两者相乘，得到：13 × 3 = 39。

计算8和9的乘积：8 × 9 = 72。

将72和39相加：72 + 39 = 111。

将111与10相乘：111 × 10 = 1110。

用1 110加1，可得：1110 + 1 = 1111。

172. 可根据以下步骤"播种"。

从左数第三个洞开始，在右边的两个洞中分别"播种"两颗珠子。

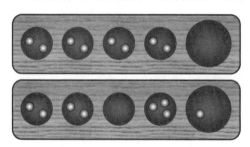

（第172题答图A）

由于最后一颗珠子放在了鲁玛中，所以可以任选一个洞开启下一轮"播种"。可以从左数第四个洞开始"播种"洞中的三颗珠子。

（第172题答图B）

由于最后一颗珠子放在了左数第二个洞中，而洞中还留有其他珠子，所以需拿起该洞中的所有珠子，继续"播种"。

（第172题答图C）

由于最后一颗珠子放在了鲁玛中，所以可以任选一个洞开启下一轮"播种"。可以从左数第三个洞开始"播种"洞中的唯一一颗珠子。

（第172题答图D）

由于最后一颗珠子放在了左数第四个洞中，而洞中还留有其他珠子，所以需拿起该洞中的两颗珠子，继续"播种"。

（第172题答图E）

此时，最后一颗珠子放在了左数第一个洞中，洞中又留有其他珠子，所以需拿起该洞中的所有珠子，继续"播种"。

（第172题答图F）

此时，最后一颗珠子放在了鲁玛中，所以可以任选一个洞开启下一轮"播种"。可以从左数第四个洞开始。

解析

（第172题答图G）

最后一颗珠子又放在了鲁玛中，所以可以任选一个洞开启下一轮"播种"。可以从左数第二个洞开始。

（第172题答图H）

最后一颗珠子放在了左数第三个洞中，洞中留有其他珠子，所以需拿起该洞中的所有珠子，继续"播种"。

（第172题答图I）

最后一颗珠子又放在了鲁玛中，可以从唯一一个还留有珠子的小洞开始，也就是左数第四个洞开始"播种"，最终使得所有的珠子都落在了鲁玛中。

（第172题答图J）

173. 答案为52。题中所有数字均由两个数字组成，其中一个数字可以被另一个数字整除。而52中的数字不可以整除，因此与其他数字不同类。

174. 答案为 8 241。

175. 如图所示，共有14个六边形。我们用阴影将这14个六边形标出，部分六边形被遮挡，没有显示完全。

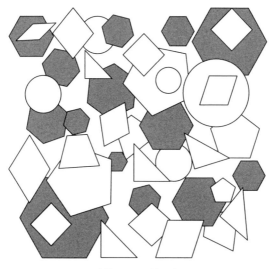

（第175题答图）

176. 所有箭头的方向均指向另一个箭头，除了第三行左数第一个，其向左指，而左侧并无任何箭头，因此与其他的不同类。

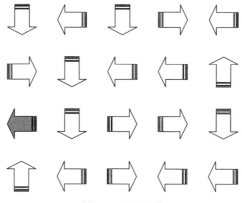

（第176题答图）

177. 这串数列以 1，2，3 开头，从第四个数开始，每个数是前三个数的和，即 3 + 2 + 1 = 6，6 + 3 + 2 = 11，11 + 6 + 3 = 20，20 + 11 + 6 = 37，37 + 20 + 11 = 68。以此类推，下一个数应为 125，即 68 + 37 + 20 = 125。

有人称每个数为前三个数之和的数组成的数列为"泰波拿契数列"（Tribonacci），即著名的"斐波那契数列"（Fibonacci）的变体。"斐波那契数列"由两个 1 开头，从第三个数开始，每个数是前两个数的和。这一数列是由意大利数学家莱昂纳多·德比萨（1170—1250，又名"斐波那契"）在解决"兔子问题"时发现的。"兔子问题"主要探讨的是兔子的繁殖问题，求在满足一定条件的前提下，每个月会繁殖多少只兔子。你可以通过互联网找到更多关于"兔子问题"的信息。

178. 答案如图所示：

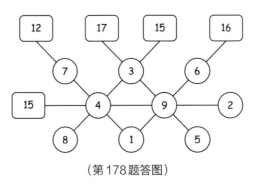

（第 178 题答图）

179. 黑点位于外部。有多种方式可以证得这一结果。第一种方式，你可以把该图当作一个迷宫，从黑点处画一条连续的线通向外部。第二种方式，如下图所示，你可以将外部部分涂黑，可见黑点位于涂黑的部分。第三种方式，如下图所示，你可以从黑点处画一条直线通向外部。此时，数一数这条直线与图形中的线条相交了几次，如相交次数为奇数，则黑点位于内部，如相交次数为偶数，则黑点位于外部（请你想一想这是为什么！）。在本题中，直线与图形中的线条相交了 6 次，故黑点位于外部。

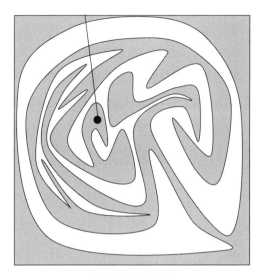

（第179题答图）

180. 每个数的前两位数字之和等于后两位数字之和。

181. 解法如图所示：

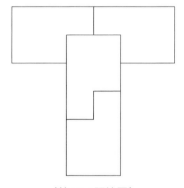

（第181题答图）

　182. 题中的每个数为其下方两个数的平方和减1。以第二行数字为例，$15 = 0^2 + 4^2 - 1$，$24 = 4^2 + 3^2 - 1$，$72 = 3^2 + 8^2 - 1$。第三行数字同理。以此类推，问号处的数字应为800和5759，即 $15^2 + 24^2 - 1 = 800$，$24^2 + 72^2 - 1 = 5759$。

183. 本题唯一解法如下：

```
      8 3 6 8 3
      8 3 6 8 3
  +   8 3 6 8 3
  ─────────────
    2 5 1 0 4 9
```

（第183题答图）

数学游戏

参考文献

本书中绝大部分题目均为作者原创，或对一些题目的改编，此外还收集了部分经典题目或其他作者创作的新题。

本书作者通过不同渠道，从下表所列的书籍、杂志、网站中获取信息、选取题目、扩充题目类型、获得创作灵感。以下参考文献对本书的创作有至关重要的作用。

书籍：

CARROLL. Lewis. *Un cuento enmarañado y otros problemas de almohada*. Editorial RBA. Barcelona. 2008.

DE GUZMÁN OZÁMIZ, Miguel. *Para pensar mejor. Desarrollo de la creatividad a través de los procesos matemáticos*. Ediciones Pirámide. Madrid. 1994.

DUDENEY, Henry Ernest. *Amusements in Mathematics*. 1917. Edición digital.

GARDNER, Martin. *¡Ajá! Inspiración*. Editorial Labor. Barcelona. Segunda edición. 1983.

—. *¡Aja! Paradojas. Paradojas que hacen pensar*. Editorial Labor. Barcelona. Segunda edición. 1984.

—. *Carnaval matemático*. Alianza Editorial. Madrid. Segunda edición. 1981.

—. *Circo matemático*. Alianza Editorial. Madrid. Segunda edición. 1985.

—. *Matemática para divertirse. Un paseo por las diversas ramas de la matemática a través de más de 50 problemas de ingenio*. Granica ediciones. Barcelona. 1988.

—. *Ruedas, vida y otras diversiones matemáticas*. Editorial Labor. Barcelona. 1985.

LOYD. Sam. *Cyclopedia of puzzles*. The Lamb Publishing Company. Nueva York. 1914. Edición digital.

LUCAS, Édouard. *Recreaciones matemáticas 1*. Nivola. Barcelona. 2007.

—. *Recreaciones matemáticas 2*. Nivola. Barcelona. 2007.

—. *Recreaciones matemáticas 3*. Nivola. Barcelona. 2007.

—. *Recreaciones matemáticas 4*. Nivola. Barcelona. 2008.

MASON, John; BURTON. Leone; STACEY, Kaye. *Pensar matemáticamente*. Editorial Labor (Barcelona) y Centro de Publicaciones del Ministerio de Educación y Ciencia (Madrid). Segunda reimpresión. 1992.

PERELMAN, lakob. *Álgebra recreativa*. Editorial Mir. Moscú. 1978.

—. *Aritmética recreativa* (edición digital de Patricio Barros y Antonio Bravo).

—. *El divertido juego de las Matemáticas*. Circulo de Lectores. Madrid 1970.

—. *Geometría recreativa* (edición digital de Patricio Barros y Antonio Bravo).

—. *Matemáticas recreativas*. Editorial Martínez Roca. Barcelona. 1968.

—. *Problemas y experimentos recreativos*. Editorial Mir. Moscú. 1975.

SAN SEGUNDO, Héctor. *Cien años de ingenio*. Editado por el autor. Allen (Argentina). 2010.

—. Cultivando el ingenio. Editado por el autor. Allen (Argentina). No consta el año.

SÁNCHEZ TORRES, Juan Diego. *Ajedrez para el aula*. Editado por el autor. 2007.

— . *Juegos matemáticos y de razonamiento lógico*. Editorial CCS. Madrid. 2010.

http://gaussianos. com/

http://i-matematicas. com/blog/

杂志：

Cacumen. Editor: Rafael Tauler Fesser. Números del 1 al 47. Zugarto ediciones. Editada en Madrid, entre 1983 y 1986.

El acertijo. Editor responsable: Jaime Poniachik. Números del 1 al 25. Editada en Buenos Aires (Argentina), entre 1992 y 1997.

La revista del Snark. Dirigida por Jaime Poniachik. Números del 1 al 10. Editada en Buenos Aires (Argentina), entre 1976 y 1978.

网站：

http://gaussianos. com/

http://i-matematicas. com/blog/

http://oeis. org/ （整数数列线上大全）

http://www. divulgamat. net/（线上数学推广中心。网站受西班牙高等科学研究院支持，由西班牙皇家数学学会主办）

http://www. librosmaravillosos. com/ （帕特里西奥·巴罗斯和安东尼奥·布拉沃个人网站，网站上有俄罗斯数学家佩雷尔曼的多部书籍及其他各类丛书）

http://www. matematicas. net/ （数学天堂）

http://www. mathpuzzle. com/

http://www. mensa. es/ （西班牙门萨俱乐部官方网站）

http://www. puzzles. com/

http://www. rae. es/rae. html （西班牙皇家语言学院词典）

http://www. revistadelsnark. com. ar/ （本书参考的三本杂志均可在该网站中找到，网站还有杜登尼、洛伊德、圣塞贡多等数学家的作品）

http://www. wikipedia. org/

特别说明

　　原书共有190道题，部分题目是基于西班牙语的理解而设计，而中国的孩子理解这些有困难，因此删减了7道题，留下了183道题，这些题之中仍有少部分配合中文的语言特点作了改动，或者添加了译者注，以易于理解。

图书在版编目（CIP）数据

数学游戏 /（西）胡安·迭戈·桑切斯·托雷斯著；朱婕译. —长沙：湖南
科学技术出版社，2023. 10
ISBN 978-7-5710-2512-0

Ⅰ.①数…　Ⅱ.①胡…　②朱…　Ⅲ.①数学—青少年读物　Ⅳ.①O1-49

中国国家版本馆CIP数据核字（2023）第187227号

Original title: Matemáticas recreativas
Author: Juan Diego Sánchez Torres
© Copyright 2018 - World Rights - Published by Marcombo, S. L.
The simplified Chinese translation rights arranged through Rightol Media
（本书中文简体版权经由锐拓传媒旗下小锐取得）

湖南科学技术出版社获得本书中文简体版独家出版发行权。
著作权合同登记号 18-2023-014

SHUXUE YOUXI
数学游戏

著者
[西] 胡安·迭戈·桑切斯·托雷斯
译者
朱婕
出版人
潘晓山
责任编辑
杨波
出版发行
湖南科学技术出版社
社址
长沙市芙蓉中路一段416号
泊富国际金融中心
网址
http://www.hnstp.com
湖南科学技术出版社
天猫旗舰店网址
http://hnkjcbs.tmall.com

印刷
长沙鸿和印务有限公司
厂址
长沙市望城区普瑞西路858号
版次
2023年10月第1版
印次
2023年10月第1次印刷
开本
880mm×1230mm　1/32
印张
5.5
字数
143千字
书号
ISBN 978-7-5710-2512-0
定价
40.00元

（版权所有·翻印必究）